ネコとはじめる統計学

黒瀬奈緒子 [著]
『ネコとはじめる統計学』制作委員会 [監修]
編集協力 ネコ先輩

本書に掲載されている会社名・製品名は、一般に各社の登録商標または商標です。

本書を発行するにあたって、内容に誤りのないようできる限りの注意を払いましたが、本書の内容を適用した結果生じたこと、また、適用できなかった結果について、著者、出版社とも一切の責任を負いませんのでご了承ください。

本書は、「著作権法」によって、著作権等の権利が保護されている著作物です。本書の複製権・翻訳権・上映権・譲渡権・公衆送信権（送信可能化権を含む）は著作権者が保有しています。本書の全部または一部につき、無断で転載、複写複製、電子的装置への入力等をされると、著作権等の権利侵害となる場合があります。また、代行業者等の第三者によるスキャンやデジタル化は、たとえ個人や家庭内での利用であっても著作権法上認められておりませんので、ご注意ください。

本書の無断複写は、著作権法上の制限事項を除き、禁じられています。本書の複写複製を希望される場合は、そのつど事前に下記へ連絡して許諾を得てください。

出版者著作権管理機構
（電話 03-5244-5088, FAX 03-5244-5089, e-mail：info@jcopy.or.jp）

JCOPY ＜出版者著作権管理機構 委託出版物＞

まえがき

　少し前になりますが、毎月勤労統計調査をはじめとする厚生労働省が所管する統計で、不適切な取り扱いをしていたことが問題になりました。多くの報道が「不正が行われた事実」に注目していましたが、統計学的にどのような問題があり、正しい評価をするにはどうしたらよいのか？　といった内容には、あまり注視していないように感じました。

　実際、数式がたくさん出てくる統計学はハードルが高い、と感じる人が多いのは否めません。私自身も同様で、あまり統計学が得意ではありません。統計学の本を開いて、数式が羅列してある部分で目が滑ってしまったことが何度もあります。数値やグラフの解釈に悩んだことも、一度は二度ではありません。心が折れて斜め読みしかしていない統計学の本が何冊も積まれていました（おそらくお仲間は少なくないはず…）。

　とはいっても、私たちの身の周りには、偏差値や経済予測、選挙予測や視聴率など、統計に関係する情報がたくさんあります。統計学と関わらずに生きるのは難しいといえるほど、私たちは統計学を活用しています。そのため、多くの企業が統計分析をできる人材を求めており、大学などでも一般教養科目に組み込まれています。

　そこで統計学を勉強したいけど難しくて心が折れた、難しいことは無理だけど基礎的なことくらいは知っておきたい、そんな要望に応えたいという思いから本書を執筆しました。実際に私が勉強して理解した内容を、途中計算をまったく省略せずに例題を解いていく過程を通して理解していただく形にしました。

　また私は生物学者で、なかでもネコが大好きなので、ネコと一緒に勉強するスタイルにしました。そしてネコや生物に関する例題を作成し、ネコや生物のことを勉強するうちに統計学の基礎も身につくという一石三鳥を狙っています。

　数式やグラフが多いと心が折れるので最低限にし、漫画やイラストを多用して親しみやすくしました。特にネコへの思い入れが強いので、ネコに関しては一つの物語を盛り込みました。統計学と関係ない内容なので無理を言って漫画にしてもらったのですが、ネコ好きとして多くの方に知っていただきたい内容です。何かしら心に残るものがあれば嬉しく思います。

本書を書くお話をいただいた当初は、生物学者の私が数学分野の統計学の本を本当に最後まで書き上げることができるのか？　と不安でいっぱいでした。振り返ると、反省点も多々あります。計算のしやすさを重視して、あまり一般的ではない例題しか作れなかったり、漫画のネームをうまくまとめられなかったり、制作側に自分の意図をうまく伝えられなかったり、初めての慣れない作業に多くの時間をロスしてスケジュールを圧迫してしまったり…挙げだすときりがありません。それでもなんとかまとめることができました。

　大きな収穫は、統計学にやや苦手意識をもっていた私が、正面から統計学に向き合えるようになったことです。自分で得たデータを評価して学術論文にする作業と、計算の仕方、評価の方法を第三者に分かりやすく伝える作業は大違い。これまでデータを入力してパソコンで計算させてほしい値が得られれば終わり、ただのツールとしかみていなかった統計学をより身近に感じられるようになりました。

　そして、今回は漫画のネームや表紙のラフ、イラストを描くことにも挑戦しています。書籍を作るということの難しさを知ることができ、とてもよい経験になりました。

　そのような機会を与えてくれた本書に、また統計学の部分を確認してくださった末吉美喜さんに、私の拙いネームを漫画にしてくださった漫画家の秋本尚美さんとイラストを描いてくださったイラストレーターのいずもり・ようさんに、本書を制作してくださった編集プロダクション・トップスタジオ代表取締役の清水剛さんとスタッフのみなさんに、最後まで投げ出さずに導いてくださったオーム社取締役書籍編集局長の津久井靖彦さんに、そして本書を手に取ってくださったみなさんに心から感謝いたします。

　2019 年 4 月

黒瀬　奈緒子

目　　次

まえがき iii

prologue　ネコちゃん、ネコ先輩に出会う 1

第1章　ネコの統計学のはじまり　　　　　　　　　　　　　5

1.1　野良ネコと完全室内飼育ネコ 6
Column　ネコの年齢換算表 8
Column　外来種 10

1.2　ボクはどれくらい生きられるの？ 12
Column　ネコがかかる代表的な病気 14

第2章　基本は平均から　〜統計学でできること　　　17

2.1　知りたい対象とその平均 18
Column　平均寿命 27

2.2　どうやって調べる？　どんなデータが必要？
　　　　〜推測統計学と記述統計学 30

第3章　どんなことが知りたい？　〜推測統計学　　　35

3.1　代表を調べる　〜標本と母集団 36
Column　系統保存 41
Column　動物福祉（アニマルウェルフェア）とネコの現状 44
Column　ネコの繁殖について 46

3.2　調べた結果はどんなデータ？　〜質的データと量的データ 48
Column　ネコの利き手 52

3.3　いろんな結果が出てきた！　〜データのバラツキ（変動係数）.........54
Column　ベルクマンの法則、アレンの法則 63
Column　イヌとネコの品種改良 66
Column　性的二形 67

v

| 3.4 | 比べてみよう！　〜分散と標準偏差 | 70 |

3.5 やっぱり違うものでも比較したい！　〜変動係数 74

3.6 基準値と偏差値 78

第4章　推測してみよう　〜推定　　83

4.1 どれくらいいるかな？　〜標本から母集団の特徴をとらえる 84
- Column 野生生物の個体数調査 92
- Column 捕獲調査の始め方 93
- Column 地表性小型哺乳類の捕獲調査 96

4.2 ズレることもある　〜系統誤差と偶然誤差 100
- Column 実験の測定ミス 103

4.3 どう違うの？　〜標準偏差と標準誤差 106

4.4 できるだけたくさん調べよう　〜大数の法則と中心極限定理........110

4.5 結果はまとまっている？　ばらばら？
　　　〜正規分布、標準正規分布 112

4.6 どこまで信頼できる？　〜信頼区間と信頼係数 124

第5章　ネコの性格を調べてみよう　〜独立性の検定　　129

5.1 性格を調べてみよう　〜性格は遺伝子で決まる？ 130
- Column 代表的なネコに関する遺伝子 136
- Column ネコの毛色と疾患 139
- Column 性格に関係する遺伝子 143
- Column DNA多型 144

5.2 関連ある？ない？　〜数量データ同士・単相関係数 146

5.3 量的データと質的データ　〜相関比 152

5.4 質的データ同士・連関係数（独立系数） 158

5.5 さまざまな検定 162

5.6 独立性の検定 166

5.7 t検定 174
- Column 発展するネコの里親探し 185

第6章 データから見えてくるもの 〜回帰分析　　189

6.1 データをもとにグラフを描いてみよう 〜回帰直線 190

Column 野生生物による被害① 害虫 200

Column 野生生物による被害② 三大害獣 201

Column 生態系におけるネコ 204

6.2 どのくらい正確？ 〜決定係数（寄与率）................................ 206

6.3 重回帰分析 〜目的変数が複数の場合 212

epilogue ネコちゃん びっくり 219

Column もっとネコの活躍できる場を 224

参考文献 226

参考 Web サイト 228

索　引 229

prologue ネコちゃん、ネコ先輩に出会う

prologue　ネコちゃん、ネコ先輩に出会う

がりがりぼろぼろで保護されたネコちゃん。栄養のあるご飯、暖かい寝床、そしてネコ風邪の治療もしてもらってよかったね。
でも、もう少し遅かったら、ネコちゃんは死んでいたかもしれない。野良ネコが、そして特に小さな仔ネコにとって、外で生き抜くのはとても厳しいのです。
お家の中で大切にされているネコがいる一方で、お外のネコたちがこんなに辛い思いをしている。同じネコなのに、あまりの境遇の違いがとても悲しい。でもこれが現実です。あなたの側にも、ネコちゃんやネコちゃんのお母さん、兄妹たちみたいに辛い状態にあるネコがいるかもしれません。ただネコ可愛い〜だけじゃなく、ネコについてもう少し踏み込んでいろんな角度から勉強してみませんか？

ネコ先輩が優しく解説するよ！

第 1 章

ネコの統計学の
はじまり

1.1 野良ネコと完全室内飼育ネコ

ネコは、中東の人里離れた砂漠に住む「リビアヤマネコ」という野生のヤマネコを飼い慣らして家畜化したものです。ヒトの出すゴミや穀倉に寄ってくるネズミにつられてネコはヒトのそばで暮らすようになりました。ヒトにとっても、害獣であるネズミなどを食べてくれるネコはありがたい存在で、またその可愛さにもひかれて愛玩動物として飼うようになりました。

もともとヤマネコは単独生活なので、ネコはウシやブタのように閉じ込めたり柵で囲って飼うのではなく、ヒトのそばで自由気ままに暮らしながら、長い年月をかけて飼い慣らされていきました。日本でも、一昔前は屋内と屋外を自由に行き来させる放し飼い状態でネコを飼う人が多くいたものです。しかし人口が増えて都市化が進んだ現代では、ネコは次第に室内で飼われるようになっています。

そんなネコですが、ヒトとの関わり方などにおいて、いくつかのグループに分けることができます。大きくは「飼いネコ」、「野良ネコ」、「ノネコ」の３つに分けることができます。飼いネコは、ヒトが餌をやるなどの世話をし、飼い主として面倒をみているネコです。そして、屋内と屋外を行き来させている「放し飼いネコ」と、屋内だけで飼育されている「完全室内飼育ネコ」の２つに分けられます。

野良ネコは明確な飼い主のいないネコです。ただし、ヒトのそばで生活し、ゴミを漁ったり、たまにヒトに餌をもらったり、ヒトから餌を盗んだり、ヒトが飼育している小動物を襲ったりすることもあり、かなりヒトに依存して生活しています。

最近では、特定の飼い主はいないけれど、地域の理解と協力を得て、地域住民の認知と合意のうえに生活している「地域ネコ」と呼ばれるネコもいます。おもにボランティアの方たちが餌やりや糞の清掃、繁殖防止の避妊・去勢手術などを行い、これ以上数を増やさず、一代限りの生を全うさせるよう見守っています。

対して、ヒトに依存せず、自分の力で狩りをして生活しているネコをノネコといいます。ヒトが多い都市部では、狩りをするよりゴミを漁る方が楽ですし、そもそも狩りをする獲物が少ない（いてもヒトの生活に依存しているイエネズミやヒトが飼育している小動物など）ため、野良ネコとみなされます。一方、山間部や島嶼部のように人口が少なく、野生動物が多い地域では、ネコは自力で狩りをし、ヒトに依存せず生きています。とてもたくましいネコですが、絶滅危惧種の動物を襲って食べてしまう事例が増加し、世界および日本でも「侵略的外来種」として問題視されています。

本書に登場するネコちゃんは野良ネコ。ネコ先輩は完全室内飼育ネコ。その生活環境は天と地ほどの差があります。どちらが幸せかはいうまでもありません。ネコちゃ

んのように、野良ネコから完全室内飼育ネコになれるネコが増えることを願ってやみません。

図1.1 ネコの生活環境とヒトへの依存度

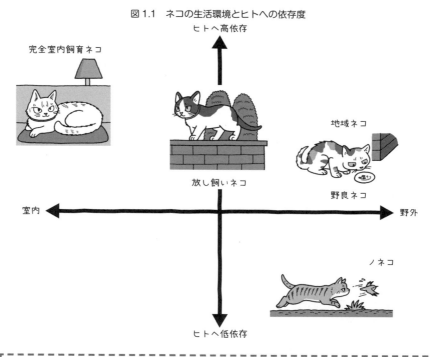

> **Column　ネコの年齢換算表**
>
> 　ネコの年齢をヒトの年齢に換算すると、ネコの1歳はヒトの15歳で、もう子どもを産める成猫といえます。5歳は36歳、15歳は76歳。18歳は88歳。18歳のネコ先輩は若そうに見えますが、ヒトでいうなら後期高齢者なのです。ギネスブック長寿記録の38歳のネコは160歳を超えるでしょう。ヒトも昔と比べると長生きするようになっていますが、ネコも同様のようです。
>
> 　高齢ネコは飼い主がいるネコばかりなので、高度に発達した医療、栄養価の高い餌、安全な住みかなどをヒトが提供することによって、ネコが長生きできるようになったと考えられます。裏を返せば、これらの恩恵が得られない野良ネコは、短命であることが多いのです。
>
> 　これはネコに限らず野生動物でも同様で、自然環境で生活している個体より、動物園などで飼育されている個体の方が生きられる年数がのびる傾向にあります。

野生動物の飼育にはさまざまな意見がありますが、絶滅危惧種でも飼育下で保護・繁殖に努めたのち、個体数が回復した場合には、自然環境へ復帰させることが最終目標とされています。

対して、ネコはヒトが飼い慣らした家畜であり、本来は自然環境にいた動物ではありません。自分たちが手を加えた命に対して、ヒトはその命に責任を持たねばならない、私はそう考えています。このような観点からも、ネコの完全室内飼育が徹底されることを切に願っています。

表1.1 ネコの年齢換算表

	ネコの年齢（歳）	ヒトの年齢（歳）
幼年期	0〜1ヶ月	0〜1
	2〜3ヶ月	2〜4
	4ヶ月	6〜8
	6ヶ月	10
少年期	7ヶ月	12
	12ヶ月	15
	18ヶ月	21
成猫／成人期	2	24
	3	28
	4	32
	5	36
	6	40
壮年期	7	44
	8	48
	9	52
	10	56
高齢期	11	60
	12	64
	13	68
	14	72
老齢期	15	76
	16	80
	17	84
	18	88
	19	92
	20	96
	21	100
	22	104
	23	108
	24	112
	25	116

出典：American Association of Feline Practitioners, 2010 AAFP/AAHA Feline Life Stage Guidelines

18歳のネコ先輩。高齢には見えませんが、かなりのお年寄りです

外来種

　外来種とは、もともとその地域にいなかったのに、ヒトの活動によって他の地域から持ち込まれた生物のことをいいます。生態系や経済などに多大な影響を与えることがあり、環境問題の1つとして扱われています。植物から昆虫、魚や哺乳類まで、幅広い分類群が含まれていますが、なかでも肉食の動物は、もともとその土地にいる在来種と餌や住みかを奪い合う競争をするだけでなく、捕食者として在来の生き物を食べてしまうため、在来生態系に直接的な悪影響を及ぼしています。

　例えば、北米から持ち込まれたオオクチバス（通称：ブラックバス）は、その大きな口で希少魚類や昆虫、甲殻類など、在来の生き物を食べてしまいます。また、魚食性の水鳥と競争し、餌を奪ってしまいます。さらには、在来の小魚の減少にともない、幼生期をハゼ類やドジョウなどのヒレや体表に寄生して過ごすイシガイ科の二枚貝まで減少していることが、最近の研究で明らかになりました。二枚貝が減少すると、二枚貝を産卵場所とするタナゴ類が卵を産めなくなり、減少するという負のスパイラルまで引き起こしています。

　また、同じく北米から日本にペットとして持ち込まれたアライグマは、子どもの頃こそ可愛いのですが、大人になると凶暴になります。1970年代にアニメで人気が高まり、輸入が激増したあと、飼育場から脱走したり、飼いきれずに野外に捨てられたりしました。現在それらが野生化し、個体数を爆発的に増やしてさまざまな被害をもたらしています。

　オオクチバスもアライグマも、在来生態系に与える悪影響が深刻かつ脅威であるため、2005年に「特定外来生物」に指定されました。外来種のうち、生態系やヒトへの社会経済的な影響が大きな種を「侵略的外来種」といいます。そのうち特にその悪影響が顕著な種を特定外来生物として指定し、「輸入」「飼養」「栽培」「保管または運搬」などが規制されています。日本では「明治元年以降に導入された海外由来の外来生物」で、「個体としての識別が容易な大きさと形態を有し」、「特別な機器を用いなくても種の判別が可能なもの」を対象としています。

実はネコも外来種です。前述のとおり、外来種の定義は、「もともとその地域にいなかったのに、ヒトの活動によって他の地域から持ち込まれた生物」です。ですから、およそ1万年前からヒトと生活をともにするようになり、ヒトによって世界各地へ渡ったネコは、外来種とみなされるのです。

　加えて、ネコはとても優秀なハンターです。「世界の侵略的外来種ワースト100」では、ネコを「大航海時代に船倉のネズミを駆除するために人間に連れられ、離島等に放逐され野生化。食物連鎖ピラミッドの頂点に君臨する。また離島に多い飛べない鳥を脅かす」と紹介しています。「日本の侵略的外来種ワースト100」でも、「ネズミ駆除と愛玩のために導入されたイエネコが野生化したもの。イヌと並んで現在でも人気のあるペットのため、全国で大量の遺棄が発生し、駆除や処分が推進されても減少に至らない。肉食性のため、小動物・鳥類を好んで捕食し、動物相に深刻な変化を与える」と紹介しています。

　このように、自然生態系では、小さなネコは大きな脅威となるため、ネコの完全室内飼育が推奨されています。

図1.2　ブラックバスが生態系におよぼす悪影響

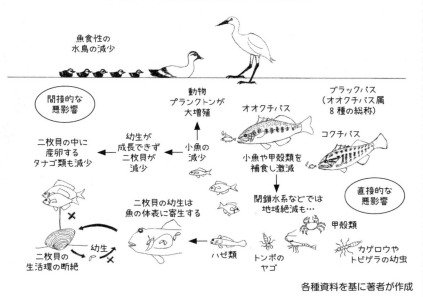

1.2 ボクはどれくらい生きられるの？

1.2 ボクはどれくらい生きられるの？

　野良ネコと完全室内飼育ネコで生きられる年数が大きく違うのは、完全室内飼育によって野外環境のさまざまな危険からネコが守られることに起因しています。人口が増えて都市化が進んだ現代では、ネコは室内で飼育することが推奨されています。その理由の筆頭がネコの安全確保。ネコ先輩がいうように、市街地や住宅街などの野外環境はネコにとって危険がいっぱいなんです。

　まず、自動車が増えた現代の市街地や住宅街では、ネコが車に轢かれて命を落とす交通事故が増加しています。こうした事故は珍しいものではなく、多くのネコが命を落としています。野良ネコや放し飼いのネコ、地域ネコは、常に交通事故に遭う危険と隣り合わせで生活しているのです。

　なお、ネコだけでなく、運転しているヒトにとっても危険です。突然飛び出してきたネコを避けようとして事故を起こしてしまった例は複数あり、なかには運転手が命を落としてしまった例まであります。ネコにもヒトにも完全室内飼育は優しいのです。

　また、市街地や住宅地でネコがゴミを荒らしたり、人家の庭で糞尿をするのは、ヒトにとってとても迷惑なものです。ヒトに管理されていない野良ネコはもちろん嫌がられますし、地域ネコや放し飼いのネコも近隣トラブルの原因になります。ネコ避けグッズがホームセンターなどで売られていますが、あまり効果がなかったり、効果が持続しなくなることも多いようです。その結果、我慢できなくなったヒトがネコを敵視し、捕獲して保健所に持ち込んだりするのです。さらには、ネコを傷つけてしまう例まであります。「動物の愛護及び管理に関する法律（通称：動物愛護管理法）」によってネコを傷つける行為は虐待とみなされ、禁止されていますが、それでもネコの迷惑行為を我慢できずにネコを傷つけてしまうヒトは、残念ながら存在するのです。

　このようにネコの被害を受けてネコに危害を加えるヒトもいれば、ストレス解消や、あろうことか愉しむためにネコを傷つけたり殺してしまうヒトもいます。殺人事件を起こした犯人が、犯行の前にイヌやネコを殺していたという報告は複数あります。自分より小さく弱い生き物を傷つけたり殺すことに悦びを覚えてしまうヒトもいるのです。このような危険からも、ネコを完全室内飼育することで守ることができます。

　加えて、野外ではネコが罹患する感染症も蔓延しています。ネコちゃんはネコ風邪をひいていましたが、猫エイズや猫白血病、内部および外部寄生虫症など、ネコが感染する病気はたくさんあります。なかには死に至る重篤な症状を引き起こすものもあり、そのため、飼いネコには、これら感染症のワクチンを接種することが推奨されています。このような医療行為を適切に受け、病気感染を防ぐために完全室内飼育する

ことが、ネコの長生きに繋がるのです。

> ### Column ネコがかかる代表的な病気
>
> 　本文でお伝えしているネコの病気。屋外で他のネコからうつる病気がいくつかあります。まずはネコちゃんもかかっていたネコ風邪などの感染症です。ウイルス感染している母ネコからうつったり（垂直感染）、病原体を持っているネコと接触したり（接触感染）することで感染します。このような感染症の多くは、完全室内飼育し、毎年ワクチンを接種させることで予防が可能です。
>
> 　ワクチンには単体ワクチンと混合ワクチンがあり、一般的なものは三種混合ワクチンです。①猫ヘルペスウイルス（猫ウイルス性鼻気管炎）。②猫カリシウイルス（一種類）。③猫汎白血球減少症（猫パルボウイルス感染症／猫伝染性腸炎）の予防ができます。四種は、この3つの感染症に④猫白血病ウイルス感染症を加えた「四種混合ワクチン」。五種は、四種混合ワクチンにさらに⑤クラミジア感染症を加えた「五種混合ワクチン」。七種は、五種混合ワクチンに⑥猫カリシウイルス（二種類）を加えた「七種混合ワクチン」です。
>
> 　少し複雑ですが、猫カリシウイルスという感染症には多くの型があることが知られています。三種・四種混合ワクチンは一種類の猫カリシウイルスを予防することができ、七種混合ワクチンは三種類の猫カリシウイルスの予防が可能です。対して、単体ワクチンは猫白血病ワクチンと猫エイズワクチンの二種類があります。完全室内飼育のネコでも、動物病院に連れて行ったり、時には脱走したりする可能性もないとはいえないでしょうから、年1回三種混合ワクチンを接種させることが推奨されています。

なかでも、命にかかわる怖い感染症があります。それは「猫汎白血球減少症（猫パルボウイルス感染症）」、「猫白血病ウイルス感染症」、「猫後天性免疫不全症候群（猫エイズ）」、「猫伝染性腹膜炎（FIP）」の4つ。1つ目の、猫伝染性腸炎とも呼ばれる「猫汎白血球減少症（猫パルボウイルス感染症）」は、発熱、激しい嘔吐や下痢（血便）、白血球減少などの症状を示します。三種混合ワクチンで予防でき、抗生物質の投与で治療可能ですが、体力のない仔ネコは命を落とすことが多く、怖い感染症です。

つぎに「猫白血病ウイルス感染症」。リンパ腫や白血病などを起こすことがあります。3つ目の通称猫エイズと呼ばれる「猫後天性免疫不全症候群」は、その病名が示すとおり、免疫不全症状を起こすことのある疾病です。必ず発病するものではありませんが、発症した場合はどちらも「対症療法（姑息的療法とも呼ばれ、症状を軽減するための治療）」しかなく、あまり経過はよくありません。どちらも前述のとおり、単体ワクチンがありますが、陽性ネコとの接触を避ける完全室内飼育がもっとも確実な予防法です。

猫白血病や猫エイズはヒトにはうつりませんが、同じネコ科のヤマネコに感染することが分かっています。1996年に長崎県対馬にて、絶滅危惧種で天然記念物のツシマヤマネコがネコ由来の猫エイズに感染していることが確認されました。ツシマヤマネコにうつったということは、同じくベンガルヤマネコの亜種（種の下位区分）であるイリオモテヤマネコにもうつってしまう可能性が十分にありますし、猫エイズだけでなく、猫白血病などの他の感染症も伝播する可能性があることを示しており、対策が必要です。

これらの感染症は、他のネコからうつらないように完全室内飼育することで予防できます。一方、現段階で有効な予防法がみつかっていないうえに、ワクチンもなく、有効な治療法すらないのが4つ目の「猫伝染性腹膜炎（FIP：Feline Infectious Peritonitis）」です。多くのネコが保有している猫腸コロナウイルス（FECV）というウイルスが、ネコの体内で突然変異して病原性を持つことで発症します。病原性のあるウイルスが他のネコから感染するのではありません。既に多くのネコが持っているウイルスが、ネコの体内で変異すると病原性を持つのです。ストレスや免疫力の低下がみられるネコに多いといわれていますが、病原性を持つウイルスに変異する原因はまだよく分かっていません。「ドライタイプ」、「非滲出型」とも呼ばれる「乾性型」と、「ウェットタイプ」、「滲出型」とも呼ばれる「湿性型」の2つのタイプがあります。特に、腹水や胸水が貯留するウェットタイプは、死亡率が高いことが知られています。

第 1 章　ネコの統計学のはじまり

　また、回虫、鉤虫、条虫などの内部寄生虫が引き起こす寄生虫症や、原虫が引き起こすコクシジウム症などもネコによくみられます。なお、蚊が媒介するフィラリア症や狂犬病などはイヌでよく知られている病気ですが、実はネコにも感染します。日本で最後に確認された狂犬病はネコでの発症例です。イヌよりは少ないですが、ネコもフィラリアに感染することが知られています。このような病気からネコを守るためにも、完全室内飼育が推奨されているのです。

病気は怖いけど
動物病院もキライ!!
痛いのイヤ!!

16

基本は平均から
～ 統計学でできること

2.1 知りたい対象とその平均

第2章 基本は平均から ～ 統計学でできること

2.1 知りたい対象とその平均

 まずはネコちゃんの身近のネコたちがどれくらいまで生きていたか、データをまとめてみよう。

 えっと、お姉ちゃん、お兄ちゃん、妹は 2 ヶ月、お母さんは 1 歳でヒトに捕まっていなくなっちゃった。同じ公園に住んでいたおばちゃんネコたちは 1 歳と 2 歳だったかな。おばちゃんの子供も 2 ヶ月が 4 匹と 3 ヶ月が 2 匹。長老のおじいちゃんネコが 4 歳、長老の奥さんネコが 5 歳。前のボスネコが 3 歳だったかな。ぼくが知っているのは、こんなところ。

 ……野良ネコたちは本当に長く生きられないみたいだな……。気を取り直して、これをまとめるとこうなる。

図 2.1　ネコちゃんの仲間がどれくらいまで生きていたか

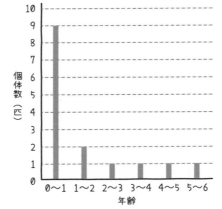

 データの数が少ないけど、全部で 15 匹だな。左の表は「度数分布表」、右のグラフは「ヒストグラム（度数分布図・柱状グラフ）」。これをみると、1 歳未満の仔ネコが多く偏っていて、全体の真ん中はどこ？って感じだな。

本当はこんな形のグラフはよくないけれど、とりあえず平均の計算をこのデータでやってみよう。これが平均の計算式だ。

$$\bar{x} = \frac{x_1 + x_2 + \cdots + x_n}{n}$$

$\bar{x}$ は「エックスバー」と読む。平均を表す記号だ。
そして x は変数。今回はそれぞれのネコの年齢になる。
n はデータの個数。今回は全部で 15 匹だから $n=15$。
この数値を前ページの式に当てはめると、

$(0.2+0.2+0.2+0.2+0.2+0.2+0.2+0.3+0.3+1+1+2+3+4+5) \div 15 = 1.2$ 歳

 あれ？ 平均って「全体の真ん中」、「だいたいみんなこのくらい」、「ふつう」のことだよね。このヒストグラムだと、0～1歳が多くて、平均の計算結果も 1.2 になってる。野良ネコってだいたい 3～5 歳くらいまで生きられるんじゃなかったの？

よく気が付いた。そう、これが平均の落とし穴だ。ネコちゃんの「おかしい」と思う感覚は正解。実はヒストグラムの形によっては、平均だけではデータの全体を表すのが難しい場合があるんだ。

えー!? そうなの？ なんだ。平均、使えないじゃん。

いやいや、平均がちゃんと使えるヒストグラムもある。ヒストグラムの形から判断して、正しく使えばいいのさ。

ネコちゃんがいうように、平均はデータの中心的な値を示すものなんだ。そして、中心的な値は、一般にはこんなふうに山型のてっぺん＝ピークを示すんだ（図 2.2［左］）。

図 2.2　ヒストグラム（左）と年齢のデータ（右）

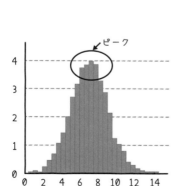
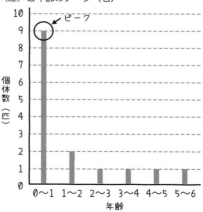

2.1 知りたい対象とその平均

 でも、今回は0歳以上〜1歳未満が一番多くてピークになっているよな（図2.2［右］）。一般に野良ネコが生きられるといわれている「3〜5歳」のあたりにピークがあるような形になってほしかったところだけれど…。
今回のように、データの数が少ない場合や、極端に値が低かったり、逆に高すぎる値が入ったりすることで、平均だけで"全体"を表すのが難しいことがあるんだ。

 なるほどー。今回はぼくが知っているネコのデータが少なかったんだね。

そう。さらに、仔ネコは弱いから長く生きられない子が多いのに、6割が仔ネコのデータだから、全体的に低い値が出たんだ。

極端に高い値が入る例としては、ヒトの年収もいい例だな。

年収？

そう。ヒトは働いてお金をもらう。もらったお金の1年の合計が年収だ。そのお金で、美味しい食べ物や快適な住みかを手に入れたり、病気になったときに治療を受けたりできるんだ。
年収は、一部の人がたくさんもらってて、平均が高くなっちゃうこともあるし、平均が同じ値になるグループがいくつかあったとしても、それぞれのデータの実態がかなり違うこともあるんだ。
例えば、3つのグループがあるとしよう。どのグループも8人で、年収の平均は500万円。

表2.1　3グループにおける個人の年収

単位：万円

	1	2	3	4	5	6	7	8	合計	平均
グループA	500	500	500	500	500	500	500	500	4000	500
グループB	100	100	100	700	700	700	800	800	4000	500
グループC	100	100	100	100	100	100	100	3300	4000	500

でも、中身は全然違う。グループCなんて8番目の人以外みんな平均の500万円よりかなり低いんだ（表2.1）。
ヒストグラムにしてみると、より分かりやすくなる。

23

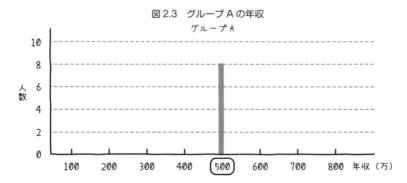

図 2.3 グループ A の年収

> グループ A は、みんな同じ年収だからみんな平均（図 2.3）。

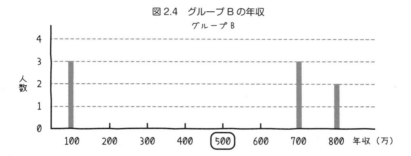

図 2.4 グループ B の年収

> グループ B は平均（500 万円）付近にデータがなく、平均から離れたところにデータが存在している（図 2.4）。

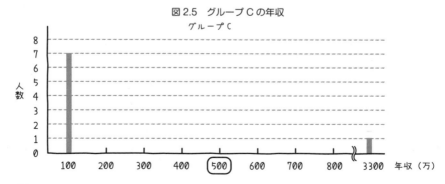

図 2.5 グループ C の年収

> グループ C は 1 人だけ極端に高くて、残りはみんな低くて平均からかなりずれてる（図 2.5）。

グループ B やグループ C みたいにデータに偏りがある場合、平均値をデータの中心として採用するのはふさわしくないといえるんだ。

どれも平均値は同じなのに、変な感じだね。

よし、今日はここまでにしとこう。

 平均はデータ全体の中心的な値。

平均を求める式は

$$\bar{x} = \frac{x_1 + x_2 + \cdots + x_n}{n}$$

平均値は同じでも、データの偏りによっては平均値を"中心"として採用するのはふさわしくない場合もある。ヒストグラムの形など、データの"ばらつき"をみて判断できる。

　平均はよく使われる言葉で、そのデータを代表する値、すなわち「代表値」です。でも、実はデータの実態に応じて使い分けないと意味をなさない場合があります。前述の年収の平均が分かりやすい例で、一部の高所得者が一般的な平均年収を押し上げているのは、よく知られています。例に出したグループ A 〜 C の例をみても同じで、グループ C を 1 つの会社とみなすと、実質は 1 人だけが高収入で、他の社員はみな平均よりかなり低い年収です。これで「平均年収 500 万円！」なんて内容の求人広告を出したら、詐欺だといわれてしまうかもしれません。平均は、大きすぎる値や小さすぎる値のような極端な数値があった場合、その影響を強く受けてしまうというデメリットがあるのです。

　代表値には、他にも「メジアン（中央値）」と「モード（最頻値）」がよく知られています。極端な数値が含まれている場合、この 2 つがよく使われます。メジアンとは、その文字が表すとおり、データの中央（真ん中）の値のことで、データを小さい順から並べたときに真ん中にあたる数値をさします。データ数が奇数のときは、真ん中の値は 1 つに決まりますが、偶数の場合は、候補となる値が 2 つ出てしまいます。そこで折衷案として、その 2 つの値の平均をメジアンとします。

第2章　基本は平均から　〜 統計学でできること

▌ n 個のデータ $x_1 \leqq x_2 \leqq \cdots\cdots \leqq x_n$ があるとき

● n が奇数（n=1, 3, 5……）の場合

$n=2k+1$ とおく（k は自然数。よって $2k+1$ は奇数になる）

$$\underbrace{x_1,\ x_2,\ \cdots,\ x_k,}_{k\ 個}\ \underbrace{\boxed{x_{k+1},}}_{メジアン}\ \underbrace{x_{k+2},\ \cdots,\ x_{2k},\ x_{2k+1}}_{k\ 個}$$

● n が偶数（n=2, 4, 6……）の場合

$n=2k$ とおく（k は自然数。よって $2k$ は偶数になる）

$$\underbrace{x_1,\ x_2,\ \cdots,\ x_{k-1},}_{k-1\ 個}\ \boxed{x_k,\ x_{k+1},}\ \underbrace{x_{k+2},\ \cdots,\ x_{2k-1},\ x_{2k}}_{k-1\ 個}$$
$$\downarrow$$
$$(x_k+x_{k+1}) \div 2\ \ \leftarrow\ \ メジアン$$

　ネコちゃんが知っている 15 頭の野良ネコのデータで考えてみましょう。生後 2 ヶ月は $0.16666\cdots \fallingdotseq 0.2$ 歳、生後 3 ヶ月は $0.25 \fallingdotseq 0.3$ 歳とし、n＝15（奇数）、k＝7（15＝2×7+1）となります。

$$\underbrace{0.2、0.2、0.2、0.2、0.2、0.2、0.2、}_{7\ 個}\ \boxed{0.3、}\ \underbrace{0.3、1.0、1.0、2.0、3.0、4.0、5.0}_{7\ 個}$$
$$\downarrow$$
$$メジアン\ \ 0.3\ 歳$$

　メジアンは 0.3 歳となり、さっき求めた平均値の 1.2 歳よりもっともらしい数値になっています。

　対して、モード（最頻値）とは一番個数が多い値です。前述のネコちゃんが知っている野良ネコたちは、半数以上が 0 〜 1 歳の仔ネコでした。その内訳は生後 2 ヶ月（$0.16666\cdots \fallingdotseq 0.17$ 歳）の仔ネコが 7 匹、生後 3 ヶ月（0.25 歳）の仔ネコが 3 匹だったので、生後 2 ヶ月がモードとなり、算術平均の 1.3 歳よりもっともらしい数値になっています。

　ただし、モードは 1 つではなく複数になることもありますし、データの数が少ない場合は一番個数が多い値に意味がないこともあるので、実際に代表値としてモードを使うことはあまりありません。

Column 平均寿命

今回「ネコちゃんがどれくらい生きられるか」を例にしました。それって「平均寿命」じゃないの？　と思われるかもしれません。平均寿命はよく使われる言葉ですが、実は今回取り上げた平均値のように簡単に計算できるものではありません。

平均寿命とは、実は「0歳の平均余命」のことをさします。平均寿命の計算法は複雑です。まず、各年齢の年間死亡率を求めます。つぎに、今年生まれた集団がこの死亡率に従って毎年どれだけ死亡するかを求めるという予測を立て、それぞれの死亡した年齢を平均したものが平均寿命として算出されています。つまり平均寿命とは、それぞれの年に生まれた0歳が今後何年生きられるかという期待値を含んだ数値なのです。

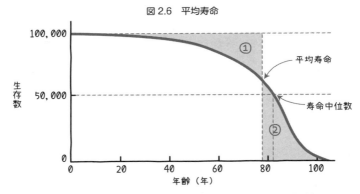

図 2.6　平均寿命

※平均寿命は、①と②の面積が等しいところ
※寿命中位数は生存数が半数となるところ
※日本は、「平均寿命＜寿命中位数」となっている
出典：「厚生労働省　平成 21 年簡易生命表の概況について
参考資料 1　生命表諸関数の定義」

一般社団法人ペットフード協会から発表された「平成 30 年（2018 年）全国犬猫飼育実態調査結果」によると、イヌとネコの全国規模の推計飼育頭数は、イヌが 890 万 3 千頭、ネコが 964 万 9 千頭です。とうとうネコの飼育頭数がイヌのそれを上回りました。ネコはイヌより多頭飼育しやすいこともありますが、空前のネコブームでネコの人気が高まっていることは間違いないようです。

2018 年のデータに基づくと、ネコの全体の平均寿命は 15.32 歳と報告されています。そして「家の外に出ない＝完全室内飼育ネコ」の平均寿命は 15.97 歳。「家の外に出る＝放し飼いネコ」の平均寿命は 13.63 歳で、同じ飼いネコでも大きな差が出ています。やはり放し飼いネコより完全室内飼育ネコの方がずっと長生きできるのです。

第1章で述べたとおり、完全室内飼育ネコは、飼い主から安全な住みかと栄養価の高いエサ、高度な医療などを提供されることによって、どんどん長生きになっています。ギネス世界記録の長寿ネコ「クリームパフ（♀）」（アメリカ・テキサス州）は38年と3日生きました(1967年8月3日〜2005年8月6日)。妖怪レベルの長寿ネコです。しかも、このネコの同居猫「グランパ」も34歳2ヶ月まで生きて世界2位だそうです。対して、日本一は36歳まで生きた「よも子」というネコ。ところが産まれたのが戦前のため、残念ながらギネスに認定されていません。18歳のネコ先輩も長生きネコと思われがちですが、最近は20歳を超えるネコも少なくないようです。

放し飼いネコは、エサと寝床の心配はありません。しかし、交通事故や病気、ヒトによる虐待などの危険には野良ネコと同じくさらされています。だから完全室内飼育ネコに較べて平均寿命が2年ほど短くなっているのです。やはりネコにとって、完全室内飼育が一番長生きできて幸せだと判断できます。

ところで、年収の説明としてネコ先輩が「ヒトは働いてお金をもらう。そのお金を使うことで、美味しい食べ物や快適な住みか、病気になったときに治療を受けたりできるんだ」といっていましたが、ネコはヒトに飼われると、働かずに美味しい食べ物や快適な住みかを提供され、病気になったときには治療を受けられるのだから、羨ましいものです。「ネコになりたい」と思ったことがあるのは私だけではないはず……

私はこんなところからも、ネコの家畜化はネコ主導で行われ、実は我々ヒトはネコにうまく利用されているのではないかと感じてしまいます。可愛いもしくは美しい容姿は、ネコ科動物に共通するものですが、可愛い容姿でも、人馴れせず神経質で凶暴な一面をもつクロアシネコなどは家畜化されず、比較的温和でヒトを恐れないリビアヤマネコだけがヒトとともに生活するようになりました。「ヒトとともに暮らせる」という資質をもっていたことこそが、可愛いネコの巧みな生き残り戦略であり、「ネコがこんなに可愛くなった理由」ではないか。そんなふうに私は思うのです。

図2.7　ネコの飼育環境と寿命

完全室内飼育ネコ
16歳前後

放し飼いネコ
13歳前後

野良ネコ
3〜5歳前後

2.1 知りたい対象とその平均

2.2 どうやって調べる？ どんなデータが必要？ 〜推測統計学と記述統計学

2.2 どうやって調べる？ どんなデータが必要？ 〜推測統計学と記述統計学

第2章 基本は平均から 〜 統計学でできること

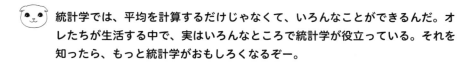 統計学では、平均を計算するだけじゃなくて、いろんなことができるんだ。オレたちが生活する中で、実はいろんなところで統計学が役立っている。それを知ったら、もっと統計学がおもしろくなるぞー。

 そうなんだ！ 知りたい！ 教えて！

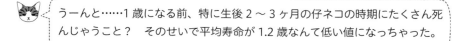 まず、さっきもいったけれど、統計学には2種類ある。1つは「記述統計学」。これは平均やバラツキみたいなデータの特徴、そして傾向をとらえるためにデータを要約するものだ。
15匹のネコの平均寿命では、どんな特徴があったと思う？

うーんと……1歳になる前、特に生後2〜3ヶ月の仔ネコの時期にたくさん死んじゃうこと？ そのせいで平均寿命が1.2歳なんて低い値になっちゃった。

そう、野良ネコは厳しい外の環境に生きているから、小さくて体力がない仔ネコの時期に命を落としやすいことが特徴だって分かったな。悲しいけど、それが現実だ。
だけど、一方で一般には野良ネコの平均寿命は3〜5歳といわれている。ネコちゃんが知っている15匹の場合とはかなり違うよな？

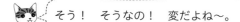 そう！ そうなの！ 変だよね〜。

この間も話したけれど、本来、記述統計学はたくさんのデータがあれば、信頼性の高い結果が得られやすいものなんだ。この前の15匹は少なすぎたし、データの集め方も偏っていたから、実態とは異なる結果になっちゃったんだよ。どんなデータを扱うかは、すごく大事なことなんだ。

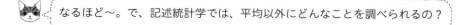 なるほど〜。で、記述統計学では、平均以外にどんなことを調べられるの？

たくさんあるぞ。平均の他には、例えば、腹ペコだったネコちゃんが、たくさんご飯を食べられるようになった。そしたら、ガリガリだったのに、段々ふっくらとお肉がついてきた。つまり体重が増えたんだな。このネコちゃんが食べたご飯の量とネコちゃんの体重の間には、関係があるのは分かるだろ？こんなふうに2つの値（変数）の関係を調べることを「相関分析」っていうんだ。

へ〜。確かにたくさんご飯を食べたら、当然体重も増えるよね。どれくらい食べたらどれくらい体重が増えるか分かるの？

もちろん。グラフを描いてみたら、ご飯の量と体重の間に一定の「法則」が見つかったりするんだよ。

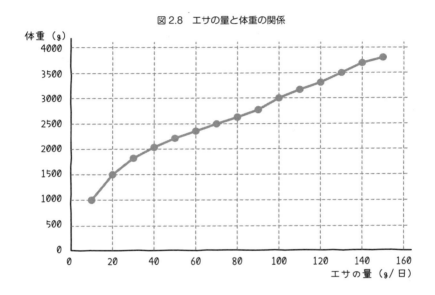

図 2.8 エサの量と体重の関係

わぁ、おもしろいね！ 1本の線みたいになったよ！

 そうそう。ばらばらでごちゃごちゃしているデータをすっきりまとめて、その中にあるルールを見つけるのが、おもしろくて役に立つんだ。

そしてもう1つは「推測統計学」。何か調べたいことがあっても、全部のデータを集めるのは難しいよな。野良ネコ全部が何歳まで生きたかなんて、とてもじゃないけど調べられない。だから一部（「標本」）を調べて、その情報を使って全体（「母集団」）の特徴を推測するんだ。これは複雑で難しいんだけど、かなり便利だぞ。

 うわ……複雑で難しいんだ……お手柔らかにオネガイシマス……。

まぁ、焦らず少しずつ勉強していこう。

第 2 章　基本は平均から　〜 統計学でできること

　ひとくちに統計学といってもさまざまですが、おもに「記述統計学」と「推測統計学」の２つに分けられます。記述統計学は、調べたデータの特徴や傾向を知ることができます。たくさんデータを集めることができれば、より信頼性が高くなります。

　一方で、世の中にはたくさんのデータを集めることができないものもあります。テレビの視聴率や内閣の支持率などすべての国民のデータを入手することはできません。そんなとき、無作為に抽出したデータを「標本」として扱い、「母集団」である国民全体の傾向を推測します。これが推測統計学です。

　第１〜２章で統計学の導入のお話をしました。第３章以降は、汎用性の高い統計学手法の概念とテクニックを勉強しましょう。

第 3 章　推測統計学	標本と母集団
	データの種類
	データのバラツキ（変動係数）
	基準値と偏差値

第 4 章　推定	標本から母集団を推定
	誤差の種類
	標準偏差と標準誤差
	大数の法則と中心極限定理
	正規分布・標準正規分布
	信頼区間と信頼係数

第 5 章　独立の検定	単相関係数
	相関比
	クラメールの連関係数
	独立性の検定（カイ二乗検定）
	t 検定

第 6 章　回帰分析	単回帰分析
	決定係数
	重回帰分析

第 3 章

どんなことが知りたい？
～ 推測統計学

3.1 代表を調べる ～標本と母集団

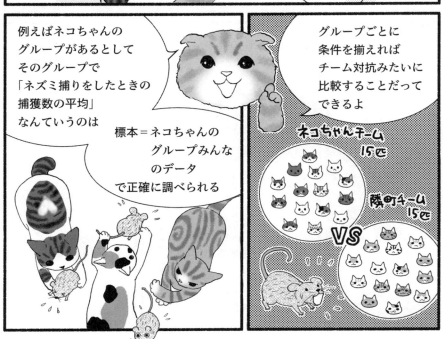

第3章 どんなことが知りたい？ 〜 推測統計学

研究者が標本を調べるとき、だいたいどれくらいの数を調べるの？ 目安とかあるの？

研究内容によって違うけど、一般には 30 より小さいと「小さな標本」といわれているな〜。
そして理想としては母集団を 100 とすると、80 くらい調べれば、それなりに精度の高い結果が得られるそうだ。母集団が多くなるほど、必要な標本の数も増える傾向にあるけれど、母集団が 10,000 を超えると、そんなに多くは必要ないみたいだな。ただ、これは一般的な話で、例えばアンケートをとるときは、400 のサンプルがあれば標本誤差を 5% 未満に留められるのでよし、とされているけれど、アンケートの目的や、アンケート結果の信頼度をどれくらい高めたいかによって、必要なサンプル数は異なるものなんだよ。

理系の研究分野においても本当にさまざま。
動物実験では、少ない標本でも大丈夫らしいぞ。

 へー。少ないってどれくらい？

一般的な動物実験では、最低限 5 匹、理想は 6 匹以上といわれている。

 え？ 動物実験って、お薬の効果を調べたりするようなものだよね？ そんなに少なくて大丈夫なの？

実験動物の性質や、実験にかかる手間や手法によるみたいだな。
動物実験でよく使われるのはマウスやラットだけれど、これらは「系統保存」されているものなんだ。

 系統保存？

そう、特徴的な遺伝情報を持っていたり、遺伝的背景が分かっている場合、その遺伝情報を維持しているんだ。例えば、特定の疾患に対する新薬の効果を確かめるときには、その特定の疾患を持つ系統や、遺伝的に問題がない系統のマウスを使って効果を確かめたりする。母集団の遺伝的な条件が系統保存されている状態だから、少ない標本数でも信頼性の高いデータが得られるんだ。

でもマウスだって生き物だから、突然変異が起こる可能性もゼロじゃない。そ

んな場合でも6匹以上なら、1匹に異常があっても5匹残るから大丈夫。ただし、4匹以下だとデータがバラついたときに「有意差」が得られない可能性があるんだ。

有意差？

偶然や誤差で生じた差ではない、「意味の有る差」ってことだ。

それから、実験にかかる手間や手法も関係してくる。動物実験をするには、マウスを飼育する必要があるけれど、匹数が増えると飼育の手間がかかる。そして分析するには、かわいそうだけれど、どうしても殺す必要がある実験もある。その場合には、殺す時間が長くなるとデータに影響を与えてしまう場合もあるんだ。だから多ければ多いほどいいってもんでもないらしい。

いろいろ事情があるんだね。

そう。その事情をちゃんと理解して研究しないと、得られたデータに信頼性がなかったり、統計解析しても意味のある結果が出ないこともある。きちんと理解して実験しないとダメなんだ。医学的な研究などは特にしっかり検証しないとね。

　無作為に抽出した標本から母集団の特徴を推測するのが推測統計学です。ネコ先輩が説明しているとおり、研究する対象や調べたいこと、設定する条件などによって、必要となる標本の数は異なります。特に自然科学の研究はさまざまですが、中には計算方法が確立されているものもあります。
　例えば、「イヌとネコ、どちらが好きか」のような意識調査をする場合、以下のような式で必要な標本数を求めることができます。

$$n = \frac{\lambda^2 p(1-p)}{d^2}$$

　n は標本数、d は標本誤差、λ は信頼水準、p は回答比率です。
　回答比率は、先行例がある場合はその比率を用いますが、ない場合は必要な調査対象者数が最大となる0.5を用います。
　「標本誤差」は、容認できる誤差を入れます。例えば、調査結果の誤差を3%ポイ

ント程度におさえたければ、0.03 とします。

「信頼水準」とは、正しく判断できる確率です。一般的に国などが行っている標本調査は、信頼水準 95%（λ =1.96）として調査の設計がされています（信頼水準に関しては、第 4 章 4.6 で詳しく説明します）。

この数値を入れて計算すると、

$$標本数 = \frac{(1.96)^2 \times 0.5(1-0.5)}{0.03^2} = (3.8416 \times 0.25) \div 0.0009 = 1067.11111\cdots\cdots$$

よってこの調査では、1,067 人の調査対象者から回答が必要となるわけです。

Column 📖 系統保存

　実験動物は、医学研究や新薬開発など、さまざまな分野で活用されています。実験に使われる動物には、ネコ先輩が説明しているように遺伝的背景が分かっていて、その遺伝情報が系統保存されているものを使います。生まれたときから管理され、遺伝情報等の基礎データを持つ動物で行われた実験からは、信頼性が高く、さらに再現性も高いデータが得られます。

　さまざまな研究分野において、マウスやラット、ウサギやイヌ、ブタやサルなど多くの動物が実験に使われていますが、一般にはマウスやラットがよく使われます。その理由として、まず飼育しやすいことがあげられます。マウスやラットは体が小さいので、小さなケージで飼うことができ、あまり飼育スペースをとりません。したがって、空調管理のできる密閉された飼育室で飼育できるので、逸出や病気感染などを防止できます。小さな体には、エサを大量に消費しないメリットもあります。さらに、猛獣ではないので扱いやすいことも利点です。

　そして世代交代が早いことも重要です。生涯を通して観察が必要な老化の研究や、何世代にもわたるデータの蓄積が必要な遺伝の研究には、寿命が短く世代交代が早いマウスやラットのような動物が適しています。

　さらに、意外にもマウスやラットなどが属する「ネズミ目」は、サルの仲間に次いでヒトに近いのです。近年の分子系統解析の結果から、ヒトとサルの仲間（＋ヒヨケザル目とツパイ目）、ネズミ目とウサギ目は遺伝的に近く、分子系統樹では 1 つのグループを作ることが分かりました。食肉目（哺乳類の分類の一種。肉を切り裂き食べることに適した裂肉歯を持つ肉食動物）のイヌや鯨偶蹄目のブタ（臓器の大きさがヒトと同等なので医学実験に活用されている）は別グループを形成しており、遺伝的にはそれほどヒトに近くないのです。

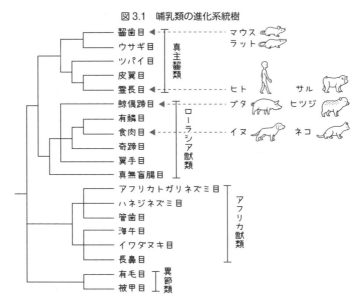

図 3.1 哺乳類の進化系統樹

出典：長谷川政美（2014）『系統樹をさかのぼって見えてくる進化の歴史』ベレ出版

　ゲノム解析技術が格段に進展した現在では、さまざまな「遺伝子改変マウス」も作成されています。遺伝子改変マウスには、おもに「遺伝子破壊（ノックアウト）マウス」と「遺伝子導入（トランスジェニック）マウス」があります。ノックアウトマウスは、遺伝子の機能を破壊することによって、その遺伝子の機能を解析することができます。対して、トランスジェニックマウスはその逆で、遺伝子を過剰に、あるいは場所を変えて発現させて機能解析を行ったり、さらにはヒトなど、マウス以外の種の遺伝子を導入・発現させて機能解析することが可能です。

　動物実験に対してはさまざまな意見がありますが、ヒトが長生きできるようになったのは、このような動物実験に基づく医学研究のおかげであることは間違いありません。必要最小限に留めることに配慮しつつ、高い効果が得られる医療技術の発展が望まれます。

　その一方で、絶滅の危機に瀕した生物も系統保存されています。本来、野生生物は生息域内で保全するのが理想です。しかし、生息域の破壊や分断、汚染や悪化などが進み、これ以上生息域内で生きていけない状態になった場合に「生息域外保全」が行われています。これは生息域内保全を補完する手段、つまり最終的には生息域内へ野生復帰させることを視野に入れた緊急措置の意味合いが強い保全策です。

しかし、トキやコウノトリのように、手厚く保護しても時すでに遅し。絶滅を食い止められない例も多々あります。現在、立派な施設で保護繁殖されたあと、放鳥されているのは、中国産のトキとロシア産のコウノトリです。大変残念なことに、日本産のトキとコウノトリは絶滅してしまい、日本集団の系統保存はかないませんでした。

コウノトリ

　ただし、トキやコウノトリのような大型で広い生息域と豊富なエサ資源などを必要とする種が、種の存続はもちろん、個体群を維持できる環境を整えることは、対象種以外の生物も保全することにつながり、健全な生態系を保全する有意義な活動です。トキやコウノトリのように、その地域における生態ピラミッド構造、食物連鎖の頂点の消費者で、環境に対する要求が高い種を「アンブレラ種」といいます。これらの保全上重視されている種が問題なく生息できる環境を、持続可能な形で維持管理することが求められています。

　種子や球根などの状態で長期保存できたり、クローン繁殖できるものが多い植物と違い、オスとメスが有性生殖を行う動物の系統保存には限界があります。それでも、これ以上絶滅しないよう、世界規模で絶滅危惧種の系統保存が行われています。近年、科学的知見とモニタリング評価に基づく検証によって、計画や政策の見直しを行うリスクマネジメントの理論を取り入れた「順応的管理」というマネジメント手法が注目されています。本来、順応的管理は水産資源管理に関する概念です。ですがこの順応的管理をベースに、野生動物の保護管理にマッチしたリスクマネジメントが求められています。

　日本でも、1988年に東京都が希少動物の保護増殖に関する「ズーストック計画」を作成し、全国の動物園や水族館で希少動物の増殖事業を実施しています。対象となっている希少動物はワシントン条約の附属書IおよびIIに記載されている外国産のものが多いですが、ツシマヤマネコなどの日本産の希少動物にも力を入れています。

一般にはレクリエーション施設のイメージが強い動物園。ですが、実は絶滅危惧種の系統保存に貢献しているのです。これまでの視点を変え、動物園を学習の場として利用し、保全活動を支援してくださる方が増えることを期待しています。

Column 動物福祉（アニマルウェルフェア）とネコの現状

　「動物福祉（アニマルウェルフェア）」という言葉をご存知でしょうか。国際獣疫事務局（OIE；International Epizootic Office）では、「動物がその生活している環境にうまく対応している態様をいう」と定義しています。動物がそのような状態であるためには、快適性に配慮した飼養管理を行い、ストレスや疾病を減らすことが重要です。つまり、ヒトが動物を飼育・利用するうえで、動物の幸せ・人道的扱いを科学的に実現し、動物本来の生態・欲求・行動を尊重することが義務付けられるのです。

　このような考えに基づき、以下の「5つの自由」が定められました。

> 1. 空腹と渇きからの自由：健康維持のために、動物に適切な食事と水を十分に与えること。
> 2. 不快からの自由：動物を怪我や病気から守り、病気になった場合には十分な獣医医療を施すこと。
> 3. 痛みや傷、病気からの自由：過度なストレスとなる恐怖や抑圧を与えず、それらから守ること。動物も痛みや苦痛を感じるという立場から、肉体的な負担だけでなく、精神的な負担もできうる限り避けること。
> 4. 正常な行動を発現する自由：温度、湿度、照度、など、それぞれの動物にとって快適な環境を用意すること。
> 5. 恐怖や苦悩からの自由：それぞれの動物種の生態・習性に従った自然な行動が行えるようにすること。例えば、群れで生活する動物の場合、同種の仲間の存在が必要。

　今日では、「5つの自由」は家畜だけでなく、ヒトに飼育されているペットや実験動物など、あらゆる動物において福祉の基本として世界中で認められています。

　動物実験に対してはさまざまな意見がありますが、系統保存のコラムでも述べたとおり、私は医学やさまざまな分野における研究の発展のために必要だと考えています。それには、もちろん上記5つの自由を確保したうえで、必要最小限の実験に留めることはいうまでもありません。そして必要最小限の実験でも効果を得るには、統計学が欠かせません。少ない標本数でも十分な結果が得られるよう、推測統計学は日々発展しているのです。

一方で、私はネコにもこの5つの自由が十分に確保されるべきだと思わずにいられません。室内で大事に飼われているネコは、ときにヒトがうらやむほど幸せに暮らしていますが、野外のネコは過酷な生活を強いられています。エサを十分にとれない野良ネコは空腹で痩せ細り、餓死することもあります。猫エイズや猫白血病、寄生虫症などの病気になっても適切な獣医医療を受けられません。また、交通事故の危険にさらされているうえ、ヒトから虐待されることすらあります。快適で安全な住みかを確保することも困難です。

そして、今なお多くのネコが殺処分されています。平成29年度（2017年4月〜2018年3月）は、13,243頭の成猫と、21,611頭の仔ネコ、合計で34,854頭のネコが殺処分されました。平成27年度は67,091頭、平成28年度は45,574頭ですから年々減少してはいますが、まだまだ多すぎます。対してイヌの殺処分数は、ネコの約1/4です。イヌは条例等でつないで飼うことが推奨されているため、野良イヌの数が減少したことが、ネコより殺処分数が少ない理由だと考えられます。つないで飼うことが難しいネコの場合は、避妊・去勢と完全室内飼育の徹底こそが野良ネコを減らし、結果殺処分されるネコを減らすことにつながるのです。

図 3.2　動物の適正な扱いの基本原則：5つの自由

・飢餓と渇きからの自由
・苦痛、傷害又は疾病からの自由
・恐怖及び苦悩からの自由
・物理的、熱の不快さからの自由
・正常な行動ができる自由

出典：「農林水産省　アニマルウェルフェアの考え方に対応した採卵鶏の飼養管理指針」

Column ネコの繁殖について

　ネコを避妊や去勢する不妊手術に関しては賛否あります。しかし、現状の殺処分数を鑑みるに、やむを得ないと感じる人が多いでしょう。

　ネコは繁殖力が高い動物です。「性成熟」──つまり繁殖可能な状態になるのが早く、およそ生後半年くらいから発情します。また、基本的には春がネコの発情期。ですが、日照時間が長くなると発情するため、人工的な明るい環境にさらされている都市部では、冬でも発情がみられることがあります。さらに、「交尾排卵」といって、交尾の際の刺激で排卵するため、妊娠率はほぼ100％です。そのうえ、ネコには閉経がありません。メスネコは高齢になっても妊娠することがあるのです。生涯に産む仔ネコの数は、場合によっては40頭を超える可能性もあります。

　仔ネコはかわいいです。「うちのネコの子どもがみたい」－－その気持ちも理解できなくはありません。ですが、産まれた仔ネコすべての飼い主を探すのは大変です。不妊手術をせずにネコを飼育し、産まれた仔ネコの処理に困って遺棄したり、保健所に持ち込んだりする例は多くみられます。一方、手放しはしないものの、ネコが増えすぎてしまい、最後には面倒をみられなくなる「多頭飼育崩壊（Animal Hoarding）」も問題になっています。そのような問題を起こさないためにも、不妊手術は必要といわれています。

　なお、不妊手術の費用は、性別によって差があります。開腹が必要なメスネコの避妊手術は、オスネコの去勢手術より高額であるため、嫌がる人もいます。ですが、自治体によっては、飼いネコの不妊手術の費用を助成してくれるところもあります。不妊手術を行う際には、お住まいの自治体やかかりつけの動物病院などに相談するといいでしょう。

　一昔前に比べると、ネコの不妊手術はかなり浸透してきました。それでも、やはりネコを繁殖したい人はいるようです。特に純血種の場合に顕著です。ネコを繁殖させる場合、獣医学的な知識はもちろん、遺伝的な背景も把握し、健康に配慮した繁殖計画が求められます。なぜなら、純血種に比較的多くみられる遺伝性疾患がいくつか知られているからです。例えば、スコティッシュフォールドに特有の「骨瘤（遺伝性骨形成異常症）」やエキゾチックショートヘアーに比較的多くみられる「多発性嚢胞腎」などが、代表的な遺伝性疾患です。個人的には、不幸なネコをこれ以上増やさないためにも、ネコを繁殖するには専門的な知識が必要であるとし、国家資格に相当する免許を取得すべきと感じます。

最後に販売についても少し。仔ネコを狭いショーケースに単独で入れて販売しているペットショップは全国各地でみられます。本来なら、親兄弟と一緒に過ごすべき年齢とおぼしき仔ネコも少なくありません。けれど、仔ネコをあまりに早くから母ネコと引き離すと、成長後の問題行動につながる可能性が示唆されています。

2017年、フィンランドのヘルシンキ大学の研究チームが、「問題行動を起こす確率は、8週齢よりも前に分離されたネコの方が、12〜13週齢で分離された猫よりもかなり多い」という論文を発表しました。この問題行動は見知らぬヒトへの攻撃性です。そして、多くの動物種で報告されている飼育動物の異常行動があります。同じ行動を繰り返す「常同行動」というものです。ネコにおける常同行動は、過剰なグルーミング（脱毛するまで毛づくろいをしてしまう行動）とウール吸い（毛布やタオルなどを吸う行動）が、問題行動として表出するようです。

これらの研究結果を踏まえて「仔ネコと母ネコを引き離すタイミングは、14週齢以降にすべきである」とヘルシンキ大学の論文は提唱しています。14週齢というと生後3ヶ月ちょっと。早く市場に卸したい繁殖業者からの反発は必至でしょう。消費者側ももっと小さい方がかわいいと思うかもしれません。でも、ネコとヒトが幸せに暮らすためには、生後3ヶ月くらいまでは親兄弟と過ごす方がいいのです。現状を変えるには、法規制が必要ではないかと感じます。

3.2 調べた結果はどんなデータ？ 〜質的データと量的データ

48

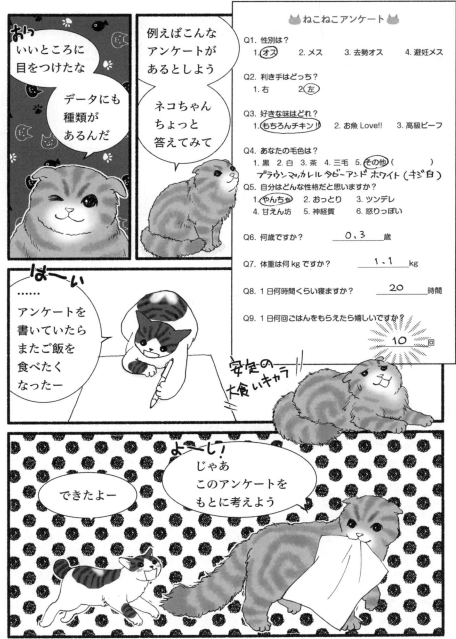

第3章　どんなことが知りたい？　～ 推測統計学

表 3.1　アンケート結果の集計

	Q1	Q2	Q3	Q4	Q5	Q6	Q7	Q8	Q9
	性別	利き手	好きな味	毛色	性格	年齢（歳）	体重（kg）	睡眠時間（時間）	ごはんの回数（回）
ネコちゃん	オス	左	チキン	茶白	やんちゃ	0.3	1.1	20	10
ネコ先輩	去勢オス	左	チキン	ブルー	甘えん坊	18	3.5	19	2
Aネコ	オス	左	魚	黒	やんちゃ	1	5.2	12	10
Bネコ	メス	右	魚	茶	ツンデレ	2	3.0	12	2
Cネコ	メス	右	ビーフ	三毛	神経質	7	2.7	18	2
Dネコ	メス	左	チキン	三毛	ツンデレ	5	2.3	13	2
Eネコ	避妊メス	右	魚	サビ	怒りっぽい	9	4.0	19	3
Fネコ	去勢オス	左	チキン	黒	おっとり	11	7.5	20	8
Gネコ	オス	右	ビーフ	黒白	神経質	1	6.8	12	8
Hネコ	避妊メス	右	魚	白	怒りっぽい	8	3.6	19	3

さて、個性的な質問も含まれているこのアンケート。結果を表にまとめてみたよ。

ネコ先輩、ごはんは1日に2回でいいの？　少ない〜！

ずっと2回だったし、足りないと思ったことはないな。
それより、この表で何か気が付かないかな？

んーと、Q1〜5は言葉で、Q6〜9は数字？

このデータは、分類や区分を表す「質的データ」と、数値で測ることができて数字の大小に意味をもつ「量的データ」に分けられるんだ。
そうすると、Q1〜5は質的データ、Q6〜9は量的データに分けられる。

へぇ〜。数字で表すことができるものは、すべて量的データってこと？

うーん、そうは言いきれないときもあるんだな〜。見分け方としては、量的データには「単位」があるんだ。このアンケートだと「年齢：歳」「体重：kg」「睡眠時間：時間」「ご飯の回数：回」。だけど、質的データには単位がないよな。

もう少しかみ砕いていうと、量的データには単位がつくし、測れるから等間隔に目盛りがある。例えば、年齢は1歳、2歳、3歳……というふうに、1年（12ヶ月）という同じ間隔の目盛りで区切られる。kgも時間も回も同じ。でもオスとメス、

50

去勢オスと避妊メスの間の間隔は？

オスとメスの間……ニューハーフさん？

あちゃ……。まぁ、ある意味間違っていないけれど、それはこの場合、去勢オスが近いかな。うう、ややこしい……。

そうじゃなくて、オスとメスと去勢オス、避妊メスの間隔なんて目盛りがないし、等しいと判断できないだろ。Q3の好きな味なんて、チキンと魚とビーフだし、毛色なんかもっと無理。そんなもんの平均とか最大値とか求めても意味ないだろ？
それに、オスとかメスっていうのは、普通オスが〇％、メスが〇％……って感じで、全体における比率を求めると、区分や分類がしやすくなるものだしな。

あ、なるほど〜。それはイメージできる。

こんなふうにデータタイプによって集計の仕方が変わったりするんだ。だから調査したデータが質的データか量的データかをしっかり見分けて、データの種別にマッチした解析をしないとダメなんだ。

　調査から得られるデータが量的データであれば、平均値や中央値などを計算できます。そして、その計算結果から母集団の特徴をつかむことができます。しかし、アンケートなどでは、数値化はできないけれど傾向をつかみたいものが多くあります。ネコ先輩が説明していたように、それぞれの項目の割合を知ることで母集団の傾向を把握することができます。それぞれ集計の仕方が異なるので、まず得られたデータを質的データと量的データに正確に分類しましょう。
　なお、質的データは「カテゴリーデータ」、量的データは「数量データ」ともいいます。

ネコの利き手

　ネコの手（前足）になんともいえないかわいさを感じるヒトは多いでしょう。飼い主を器用に手でちょいちょいとつついて「撫でて」と催促するネコ——そんな動画を、あるサイトで観たことがあります。そのあまりのかわいさに自然と顔がにやついてしまったものでした。そんなかわいいネコの手にも、ヒトのように利き手があることが分かってきました。

　イギリスの研究チームが興味深い調査を行っています。北アイルランドの家庭で飼われているネコ44頭（オス22頭、メス20頭）を対象に、3つの行動に注目して3ヶ月間行った調査です。

1. トイレに入るときにどちらの手から踏み出すか
2. 階段を下りるときにどちらの手から踏み出すか
3. 寝転がるときに体のどちら側を下にするか

　さらに、狭い穴に手を差し入れてエサを取り出すときはどうかも調べたそうです。
　なお、この調査はネコが普段の行動をとれるよう、慣れ親しんでいる自宅で実施されました。調査対象となる行動が、普段過ごしている環境の中で行われる自発的なものであることは、行動学の調査においてとても重要だからです。
　調査の結果、全体の3/4弱のネコが左右どちらかの手を優先的に使っていることが分かりました。つまり7割程度のネコに利き手があると解釈できます。また統計的にオスは左手を、メスは右手を使う傾向があったそうです。
　性別と利き手に関係があることは、ヒトでも知られています。ヒトの場合は全体的に右利きが多いですが、それでも男性の方が女性より左利きが多いそうです。性ホルモンが関係しているという説もあるようですが、まだその仕組みや原因などはよく分かっていないとか。
　ネコがこんな行動をとるのはこんな気持ちからなんです——そうした「ネコの気持ち」を代弁するような記事を時折、ネコ雑誌やネット上で見ることがあります。そのような記事を見るたび、「これはどういう調査をして得られた結果なんだろう？　思いつきで言ってるんじゃないか？」と勘ぐってしまうことがあります。だからでしょうか。このようにしっかり調査し、得られたデータを統計解析して結果を導き出している論文を読むと、嬉しくなります。

この調査はイギリスで行われたものですが、日本で行うとどんな結果が出るでしょうか。性別だけでなく、品種間のようなものでも違いはあるでしょうか。もっと多くのデータを集めて解析してみたいものです。

あなたのおうちのネコちゃんは、どうですか？ぜひ調査してみてください。

3.3 いろんな結果が出てきた！ ～データのバラツキ（変動係数）

3.3 いろんな結果が出てきた！ 〜データのバラツキ（変動係数）

まず代表的な犬種、猫種のデータを表にしてみよう。

表3.2　代表的なイヌの体重

犬種	おおまかな体重（kg）
柴犬	11.5
チワワ	2.0
トイプードル	6.0
ブルドッグ	23.0
秋田犬	40.0
グレートデーン	47.0
ゴールデンレトリーバー	29.5
シェットランドシープドッグ	6.5
セントバーナード	70.5
シーズー	8.0

表3.3　代表的なネコの体重

猫種	おおまかな体重（kg）
ジャパニーズボブテイル	3.8
スコティッシュフォールド	4.3
アメリカンショートヘアー	5.0
シンガプーラ	2.8
ペルシャ	4.9
シャム	3.3
メインクーン	6.5
ノルウェージャンフォレストキャット	5.5
ロシアンブルー	3.6
サイベリアン	6.8

 今回は、各品種の大きさをなんとなくイメージできる値（おおまかな体重）にしてみた。

本当は品種ごとの平均体重が分かればいいんだけれど、イヌやネコなどの哺乳類は、基本的にオスが大型で体重差が結構あるんだ。こういうのを「性的二形（性的二型とも書く）」っていうんだけど、そのために、どんな資料でも「オス〇〜〇 kg、メス〇〜〇 kg」って幅をもたせた書き方をしている。

かといって、オスメスそれぞれを厳密に計算するのも大変。今は統計の考え方が理解できればいいから、ここでは便宜上、最大値と最小値の中間をとることにしよう。

さて、まずは以前勉強した平均値と中央値を計算してみよう。

イヌの場合

平均値は

$$11.5+2.0+6.0+23.0+40.0+47.0+29.5+6.5+70.5+8.0=244.0$$
$$244.0 \div 10 = 24.4 \text{ kg}$$

中央値は

$$2.0、6.0、6.5、8.0、\boxed{11.5、23.0、}29.5、40.0、47.0、70.5$$
$$(11.5+23.0) \div 2 = 17.25 ≒ 17.3 \text{ kg}$$

ネコの場合

平均値は

$$3.8+4.3+5.0+2.8+4.9+3.3+6.5+5.5+3.6+6.8=46.5$$
$$46.5 \div 10 = 4.65 \text{ kg}$$

中央値は

$$2.8、3.3、3.6、3.8、\boxed{4.3、4.9、}5.0、5.5、6.5、6.8$$
$$(4.3+4.9) \div 2 = 4.6 \text{ kg}$$

イヌの場合、平均値と中央値は結構ずれているな。対してネコは平均値と中央値がほぼ同じ。

じゃあ、つぎにこれをもっと見やすい表にまとめてみよう。

表3.4　犬種と体重

階級 以上 | 未満（kg）	犬種
70 〜 80	セントバーナード
60 〜 70	―
50 〜 60	―
40 〜 50	秋田犬、グレートデーン
30 〜 40	―
20 〜 30	ゴールデンレトリーバー、ブルドッグ
10 〜 20	柴犬
0 〜 10	チワワ、トイプードル、シーズー、シェットランドシープドッグ

57

表 3.5　猫種と体重

階級 以上 | 未満（kg）	猫種
6 〜 7	サイベリアン、メインクーン
5 〜 6	アメリカンショートヘアー、ノルウェージャンフォレストキャット
4 〜 5	スコティッシュフォールド、ペルシャ
3 〜 4	ジャパニーズボブテイル、シャム、ロシアンブルー
2 〜 3	シンガプーラ
1 〜 2	—
0 〜 1	—

まず左側の数字を説明しよう。
イヌのグラフは 0 〜 10、10 〜 20 と 10 ずつ等間隔で分かれている。ネコのグラフは 0 〜 1、1 〜 2 と 1 ずつ等間隔で分かれている。この等間隔の区切りのことを統計学では「階級」っていうんだ。そしてこの階級は例えば 0 〜 10 だと、0 以上 10 未満という意味になる。

あ、データの種類のところで出てきた等間隔の目盛りのことだ！

そうそう。よく覚えているな。えらい。

でも、階級の数字がイヌとネコで違うよ？

いいところに気が付いた。イヌとネコでは体重の幅が違いすぎるんだ。イヌの階級値にネコを入れると、みんな 0 〜 10 に入っちゃう。それだけイヌの体重に幅があるってことだな。

イヌって大から小までいろんなのがいるんだね〜。

イヌは、ヒトの都合のいいように「品種改良」されてきたから個性が豊かなんだ。イヌと比べてみると、ネコは基本的にはそんなに変わらないってことが分かるな。

うん、ネコもいろんなのがいるって思ってたけれど、イヌはすごい〜。

ははは。さて、もう少し詳しく見ていくぞ。

まずそれぞれの階級に該当する数、この場合は品種の数を「度数」というんだ。そして「階級値」とは、各階級の中央値のこと。まぁ、各階級の看板みたいなものだと思えばいいよ。

これでどんな品種がどれくらいの体重なのかざっくり分けられたぞ。

表3.6 度数と階級値（イヌ）

階級 以上｜未満（kg）	犬種	度数	階級値
70 ～ 80	セントバーナード	1	75
60 ～ 70	ー	0	65
50 ～ 60	ー	0	55
40 ～ 50	秋田犬、グレートデーン	2	45
30 ～ 40	ー	0	35
20 ～ 30	ゴールデンレトリーバー、ブルドッグ	2	25
10 ～ 20	柴犬	1	15
0 ～ 10	チワワ、トイプードル、シーズー、シェットランドシープドッグ	4	5

表3.7 度数と階級値（ネコ）

階級 以上｜未満（kg）	猫種	度数	階級値
6 ～ 7	サイベリアン、メインクーン	2	6.5
5 ～ 6	アメリカンショートヘアー、ノルウェージャンフォレストキャット	2	5.5
4 ～ 5	スコティッシュフォールド、ペルシャ	2	4.5
3 ～ 4	ジャパニーズボブテイル、シャム、ロシアンブルー	3	3.5
2 ～ 3	シンガプーラ	1	2.5
1 ～ 2	ー	0	1.5
0 ～ 1	ー	0	0.5

じゃあ、ここから少し解析してみるぞ。各階級に属する品種が、全10品種に対してどのくらいの割合か計算してみよう。この割合のことを統計学では「相対度数」っていうんだ。

    相対度数＝度数÷総数 割合＝相対度数×100

ちなみに、一般的には割合は「％」で、相対度数は小数点で表すことになっている。

第3章 どんなことが知りたい？ ～ 推測統計学

表 3.8 相対度数（イヌ）

階級 以上｜未満 (kg)	犬種	度数	階級値	相対度数	割合
70 ～ 80	セントバーナード	1	75	0.1	10%
60 ～ 70	—	0	65	0	0%
50 ～ 60	—	0	55	0	0%
40 ～ 50	秋田犬、グレートデーン	2	45	0.2	20%
30 ～ 40	—	0	35	0	0%
20 ～ 30	ゴールデンレトリーバー、ブルドッグ	2	25	0.2	20%
10 ～ 20	柴犬	1	15	0.1	10%
0 ～ 10	チワワ、トイプードル、シーズー、シェットランドシープドッグ	4	5	0.4	40%

合計 10 品種

 どうだ？ イヌとネコの体重の特徴がなんとなくつかめたかな？

 イヌの場合、セントバーナードは飛び抜けて重いね～。
それに小型犬の割合も多いね。大型犬が小型犬の何十倍もあるのが本当にすごい。これでも同じイヌって種なんだよね。不思議。

 本当にな～。それに比べると、ネコの体重は似たり寄ったりって感じだな。

表 3.9 相対度数（ネコ）

階級 以上｜未満 (kg)	猫種	度数	階級値	相対度数	割合
6 ～ 7	サイベリアン、メインクーン	2	6.5	0.2	20%
5 ～ 6	アメリカンショートヘアー、ノルウェージャンフォレストキャット	2	5.5	0.2	20%
4 ～ 5	スコティッシュフォールド、ペルシャ	2	4.5	0.2	20%
3 ～ 4	ジャパニーズボブテイル、シャム、ロシアンブルー	3	3.5	0.3	30%
2 ～ 3	シンガプーラ	1	2.5	0.1	10%
1 ～ 2	—	0	1.5	0	0%
0 ～ 1	—	0	0.5	0	0%

合計 10 品種

 表にまとめると分かりやすくなるね～。

 だよな～。以前にも説明したけど、この表のことを「度数分布表」っていうんだ。便利な表だから覚えておこう。

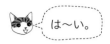
は〜い。

さて、表にまとめたら、つぎはヒストグラムを作成してみよう。

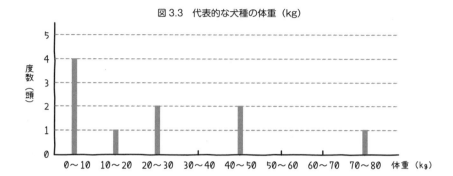

図 3.3　代表的な犬種の体重（kg）

図 3.4　代表的な猫種の体重（kg）

やっぱり 10kg 以下の小型犬が多いね〜。んで、セントバーナードは飛び抜けている（笑）。変な形のグラフ〜。

表でつかんだ特徴が、ヒストグラムにしてみると、より明確になるよな〜。

ネコはまとまっているイメージだよね〜。
でも階級の幅はどうやって決めるの？

第 3 章　どんなことが知りたい？　〜 推測統計学

特に決まりはなくて、分析するときに判断すればいいんだ。悩んだら、階級の幅を変えてヒストグラムをいくつか作ってみる。その中から特徴をとらえやすいものを採用すれば OK 〜。

さて、ここまで解析してみて何か気付いたことはある？

うーん、イヌは最小値と最大値の幅が大きくて平均値と中央値がずれている。小型犬が多くて、セントバーナードは飛び抜けている。グラフもまとまりがない感じ。

ネコは最小値と最大値の幅が小さくて平均値と中央値もほぼ同じ。グラフはなんとなくまとまっているよ。

そう。うまく特徴をつかめているな。
イヌのグラフみたいにまとまってない状態を、データが「バラついてる」っていうんだ。

バラついているのって、よくないの？

いいか悪いかじゃなくて、データのバラツキを把握することが大事なんだ。

うーん、また難しくなってきた……。

だな〜。じゃあ、今日はこの辺にしておこう。

　平均値や中央値は母集団の特徴を表していますが、母集団のバラツキまでは分かりません。そこで度数分布表やヒストグラムを作成し、バラツキを把握するのです。

Column ベルクマンの法則、アレンの法則

　外気温に関係なく、体温を常に一定に保つことができる「恒温動物」においては、同じ種でも寒冷な地域に生息するものほど体が大きく、近縁な種間では大型の種ほど寒冷な地域に生息するという傾向があり、これを「ベルクマンの法則」とよびます。

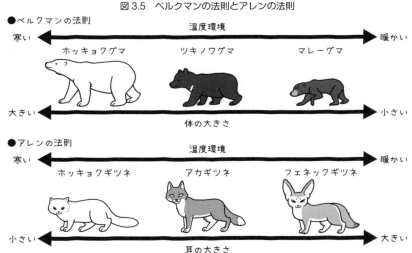

図3.5　ベルクマンの法則とアレンの法則

　体が大きくなると、体重あたりの表面積が小さくなります。すると、体表面からの熱の放出を抑えることができるため、過酷な寒冷地において有利になります。代表的な例としてクマ類がよく知られています。寒冷地に生息するホッキョクグマは大きな体。暖温帯に生息するツキノワグマは中型。熱帯に生息するマレーグマは小型です。また日本のシカも寒冷な北海道に生息するエゾシカが最大で、南方の慶良間諸島に生息するケラマジカが最小です。

　ベルクマンの法則に類似した法則に「アレンの法則」があります。「恒温動物において、同じ種の個体、あるいは近縁のものでは、寒冷な地域に生息するものほど、耳、吻、首、足、尻尾などの突出部が短くなるという傾向がある」とするのがアレンの法則。この傾向が生じる要因には、つぎの2つが考えられます。1つ目は暑い地域における要因。暑いと体内に熱がこもって熱中症などになることは、今や広く認知されています。エアコンなどが使えない動物は、体内の熱の放出量を増やす効果を上げるため、体表面積を広くする方向に進化しました。突起部が大きくなるほど体表面積が広くなり、熱放出量が増えるのです。

2つ目は、寒冷な地域での要因。突出部から体温が奪われ、凍傷になりやすいため、体表面積が小さい方が有利です。アレンの法則がみられる代表的な例はキツネ類です。暑い砂漠に生息するフェネックは大きな耳が特徴的です。対して、寒冷地に生息するホッキョクギツネは小さくて丸い耳をもっています。

　なお、これらの法則は同種や近縁種間でみられるもの。類縁関係のない種間などには適用できないので注意が必要です。

　さらに、ネコのように、ヒトによって各地へ運ばれた歴史のある動物も反映されない場合があります。それでも、ネコがヒトと暮らし始めて1万年弱。ヒトによる品種改良が始まるよりも前、それぞれの地域で、その地域の気候風土の影響を受けて独特の形態を持つようになった自然発生の猫種がいくつか誕生しています。

　ネコ先輩が紹介してくれたサイベリアンは、ネコの中ではメインクーンと並んで最大級。ロシアのプーチン大統領が2013年2月6日に秋田県知事に送った「ミール君」がこのサイベリアンです。記録があまり残っていませんが、サイベリアンは古代から存在するといわれています。極寒のシベリアに適応した分厚い被毛やふさふさした足先がサイベリアンの特徴。サイベリアンのオスは10kgになる個体もいるほど大型です。

　同じく最大級のメインクーンも、冬の寒さが厳しいアメリカ合衆国の北端に位置するメイン州原産。やはりサイベリアン同様、分厚い被毛と大きな体を持っています。メインクーンは、複数の部門でギネス認定もされています。「世界最大のネコ」、「世界一体の長いネコ」、「世界一尻尾の長いネコ」の3つ。体が大きいと怖いと感じる人もいるかもしれませんが、その性格は「ジェントルジャイアント（穏やかな巨人）」とよばれるほど温和でヒトに忠実とされ、人気があります。

メインクーン

対して、最小級の品種として知られているシンガプーラ。品種化され始めたのは1970年代と比較的最近ですが、シンガプーラのルーツはシンガポールに生息していた自然発生の野良ネコといわれています。「ドレイン・キャット」とよばれる下水溝に住み着いていた野良ネコの中から、小ぶりでブラウンティックドタビー（茶色で毛の1本1本に濃淡の縞模様がある）の5頭のネコを選んでアメリカへ持ち帰ったのがきっかけ。この5頭のドレイン・キャットから品種改良を重ねてシンガプーラが産まれたのです。

シンガプーラ

リビアヤマネコ

　ちなみに、ネコの祖先であるリビアヤマネコは体重が3〜6.5kgです。この祖先から寒冷地では大型のネコに進化。一方、暑い地域では小型のネコに進化しました。ヒトによって世界各地へネコが運ばれ、各地の環境に適応した結果、大型や小型のネコへと進化していったと考えられます。

　他にも、自然発生のネコはさまざま。例えば、シャム、ペルシャ、アビシニアン、ノルウェージャンフォレストキャット、アメリカンショートヘアー、そして我が国日本で自然発生したジャパニーズボブテイルなどのよく知られているもの。あるいは、アンゴラ（ターキッシュアンゴラ）、ターキッシュバン、ヨーロピアンショートヘアー、エジプシャンマウ、スフィンクス、ピクシーボブなどの珍しい品種。これらすべてが自然発生のネコです。

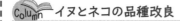
Column イヌとネコの品種改良

　イヌは最も古い家畜です。人類が移動しながら狩猟・採集生活をしていた時代。狩猟の際の協力者として、ヒトはイヌを家畜化しました。その後、使役目的は多様化します。さまざまな改良を加えられ、多くの犬種がつくられました。優れた嗅覚が役立つ警察犬や麻薬探知犬、ヒトの生活を支援する盲導犬や聴導犬、イヌの本能を利用した狩猟犬や牧羊犬など、現在でも幅広い分野でワーキングドッグとして活躍しています。

　イヌの祖先は北半球に広く生息するタイリクオオカミです。ところが、多くの犬種が祖先のオオカミと異なる形態をしています。例えば体重。タイリクオオカミの体重は25〜50kgです。一方、イヌは10〜15kg未満が小型犬、20kg前後が中型犬、25〜30kg以上が大型犬、40kg以上が超大型犬と大別されています。一番体重の重いセントバーナードは、最大で90kgにもなります。祖先のオオカミよりはるかに大きく改良されているのです。寒冷な山岳地帯で遭難者を救助するセントバーナードは、ときにヒトを背に乗せて運ぶこともあります。ゆえに、大きな体が必要とされたのでしょう。

　一方で使役動物ではなく、愛玩動物として改良されたのが小型犬です。祖先のタイリクオオカミとは似ても似つかない形態に改良されています。体重1.5kg程度のチワワや1kg程度のティーカッププードルなど、小さくてかわいい犬種が人気です。同じイヌでもセントバーナードとチワワではあまりに体格差が大きくて自然交配は無理でしょう。それほどまでにイヌは多様化しています。

　対してネコは、祖先のリビアヤマネコにもともと備わっているネズミを狩る能力がヒトの役に立っていただけなので、イヌのような使役目的の品種改良はされませんでした。それよりヒトは「かわいい」という動機でも、祖先のリビアヤマネコを飼い慣らしてきました。つまり、もともと備わっていた性質を気に入ったから極端な品種改良の必要がなかったのです。ネコがかわいくなった理由は、「ネコはかわいい」という動機が先行して使役目的の極端な品種改良が行われなかったからでしょう。

　ですが、「かわいい」をよりいっそう追い求める品種改良は行われました。特に美しい被毛が注目され、品種改良が重ねられてきました。ネコの模様や毛色、被毛の形状などには、さまざまなバリエーションがみられるようになっています。さらに近年は、耳の形状や足の長さなどにも注目が集まっています。

　ですが、イヌと同じリスクがネコにもあります。あまりに特徴的な形質を追及しすぎると、遺伝性疾患などが表出する恐れがあるのです。十分な知識を有し、健全な交配に努める必要があるといえます。

3.3 いろんな結果が出てきた！ 〜データのバラツキ（変動係数）

Column 性的二形

　雌雄間において、形態や運動能力、行動に差異がみられることを「性的二形（性的二型とも書く）」といいます。

　まずは形態の差異について説明しましょう。例えば、多くの哺乳類では、オスの方がメスより大型です。ネコ先輩も説明していましたね。私が専門として研究しているイタチ科動物でも大きいのはオスの方。特に、ニホンイタチはこの性的二形が顕著です。オスは体重290〜650gですが、メスは115〜175gしかありません。大人と子どもくらい違うのです。

　このように、脊椎動物の多くでは大きいのはオス。逆に、メスの方が大きい動物もいます。あまり知られていませんが、カエルは脊椎動物の中では例外的にメスの方が大きいです。他には、ノミをはじめとした無脊椎動物にはメスの方が大きい例が多く見られます。妻が夫より大きい夫婦を指す「蚤の夫婦」といわれるのも納得です。また、チョウチンアンコウのように「矮雄」といって、オスが極端に小さい例もあります。

　形態が違う例で有名なのは、ライオンやニホンジカ、カブトムシやクワガタです。ライオンのタテガミはオスにしかありません。ニホンジカで角を持つのも、生後1年以上のオスのみです。カブトムシやクワガタムシも、オスのみが立派な角を持っています。

　また、多くの鳥でオスが立派な長い飾り羽を持っていたり、派手な羽色をしていることはよく知られています。これも性的二形です。

第 3 章　どんなことが知りたい？　〜 推測統計学

つぎに雌雄での運動能力の差異について。雌雄での運動能力の違いは、昆虫で特によくみられます。例えば、イチジクコバチのオスは翅を持ちません。イチジクの実の中に閉じ込められたままでオスは生涯を終えます。一方、メスは翅があります。そのため、メスは新たな繁殖場所として他の実を探して移動できます。また、ミノガ類の一部やホタル類の一部には、メスがほとんど幼虫の姿のままの種がいます。

3つ目の行動における雌雄間の差異は、繁殖に関するもので多くみられます。繁殖の第一歩、オスとメスが出会うシーン。スズムシやコオロギ、セミなどの鳴く虫の多くで、音を出すのはオスです。メスをよぶために音を出しているのです（中にはメスも音を出すものもいますが）。

さらに、性的二形は子育てでもみられます。哺乳類のメスは、乳腺が発達した乳房を持ち、子どもに授乳して育てます。有袋類はお腹の袋（育児嚢）の中で子どもを育てることが知られていますが、この袋があるのはメスだけです。ところが逆のパターンもあります。タツノオトシゴは、メスが産卵した卵をオスが育児嚢で育てるため、オスにのみお腹に袋があります。

このように同じ種でも雌雄で大きく異なる性的二形はとても多様で、それぞれに独自の進化を遂げてきた理由があります。知れば知るほど生きものの不思議に驚かされ、もっと知りたくなること請け合いです。

3.3 いろんな結果が出てきた！ ～データのバラツキ（変動係数）

3.4 比べてみよう！ ～分散と標準偏差

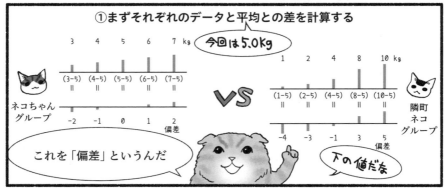

3.4 比べてみよう！ 〜分散と標準偏差

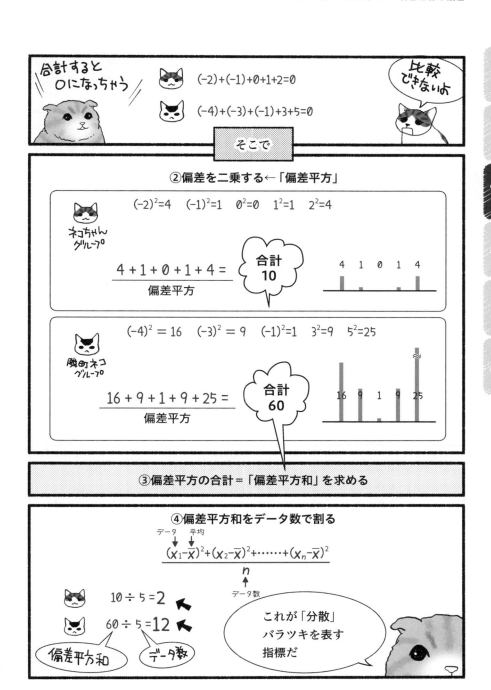

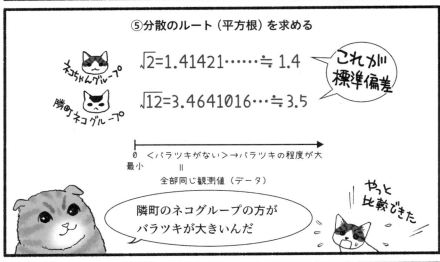

ネコちゃん＆ネコ先輩と一緒にゆっくり段階をふんで計算した標準偏差。その式は

$$s = \sqrt{\frac{(x_1-\overline{x})^2+(x_2-\overline{x})^2+\cdots+(x_n-\overline{x})^2}{n}} \leftarrow \sqrt{\frac{(\text{個々のデータ} - \text{平均})^2 \text{ を足したもの}}{\text{データの個数}}}$$

と説明しました。

　今回のネコちゃんグループと隣ネコグループのように集団の全データ（＝母集団のデータ）が得られるなら、この式で標準偏差が得られます。しかし一般には、母集団そのものは調べられないから、標本＝一部を調べているわけです。

　知りたいのは母集団の分散でありバラツキですが、標本から推測した標準偏差は、本当の母集団の標準偏差よりもやや小さい値になることが知られています。そのため、標本から推測した標準偏差よりも少しだけ大きい値の方が、推測値として適しています。よって、n ではなく「n-1」で割るとちょうどいいといわれています。

　この n-1 は「自由度」とよばれます。ちょっと難しいですが、n で割ると標本分散や標本標準偏差が分かり、自由度 n-1 で割ると母分散（σ^2）や母標準偏差（σ）を推定することができるのです。

　つまり上記の式にならうと、

$$\sigma = \sqrt{\frac{(x_1-\overline{x})^2+(x_2-\overline{x})^2+\cdots+(x_n-\overline{x})^2}{n-1}} \leftarrow \sqrt{\frac{(\text{個々のデータ} - \text{平均})^2 \text{ を足したもの}}{\text{データの個数} -1}}$$

という式になります。

　なお、標準偏差には単位があり、計算で求めた値はもとのデータ単位と同じになります。今回はもとのデータ単位が野良ネコの体重「kg」なので、求めた標準偏差の単位も「kg」になります。そして、単位が異なるデータの標準偏差を比較しても意味がありません。

　また単位が同じでも、まったく異なるものの比較も意味がありません。イヌとネコの体重を今回のように標準偏差で比較しても意味がないのです。そこで、まずは同じ野良ネコ同士のグループで比較することにしました。

3.5 やっぱり違うものでも比較したい！ 〜変動係数

3.5 やっぱり違うものでも比較したい！ ～変動係数

表 3.10 標準偏差（イヌ）

犬種	体重	①偏差	②偏差平方	③偏差平方和	④分散	⑤標準偏差
柴犬	11.5	-12.9	166.41	4503.4	450.34	21.22121579928916 ≒ 21.2
チワワ	2.0	-22.4	501.76			
トイプードル	6.0	-18.4	338.56			
ブルドッグ	23.0	-1.4	1.96			
秋田犬	40.0	15.6	243.36			
グレートデーン	47.0	22.6	510.76			
ゴールデンレトリーバー	29.5	5.1	26.01			
シェットランドシープドッグ	6.5	-17.9	320.41			
セントバーナード	70.5	46.1	2125.21			
シーズー	8.0	-16.4	268.96			
平均	24.4	合計	4503.40			

表 3.11 標準偏差（ネコ）

猫種	体重	①偏差	②偏差平方	③偏差平方和	④分散	⑤標準偏差
ジャパニーズボブテイル	3.8	-0.9	0.81	16.17	1.617	1.271613148720946 ≒ 1.3
スコティッシュフォールド	4.3	-0.4	0.16			
アメリカンショートヘアー	5.0	0.3	0.09			
シンガプーラ	2.8	-1.9	3.61			
ペルシャ	4.9	0.2	0.04			
シャム	3.3	-1.4	1.96			
メインクーン	6.5	1.8	3.24			
ノルウェージャンフォレストキャット	5.5	0.8	0.64			
ロシアンブルー	3.6	-1.1	1.21			
サイベリアン	6.8	2.1	4.41			
平均	4.7	合計	16.17			

 もうばっちりだな。電卓さえあれば（笑）。

 にゃおさんの iPhone を拝借～♪

 よし、準備はできた。じゃあ変動係数を求めよう。
式は簡単。

$$変動係数(CV) = 標準偏差(S) \div 平均(\bar{x})$$

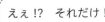

 えぇ!? それだけ!?

 はいっ、計算してみよう〜。

イヌの変動係数 = 21.2 ÷ 24.4 = 0.8688524 ≒ 0.87
ネコの変動係数 = 1.3 ÷ 4.7 = 0.2765957 ≒ 0.28

表3.12 イヌとネコの変動係数

	イヌの体重 (kg)	ネコの体重 (kg)
平均 ($\bar{x}$)	24.4kg	4.7kg
標準偏差 (s)	21.2kg	1.3kg
変動係数 (CV)	0.87	0.28

 できた! やっぱりイヌの方がバラツキが大きい! はぁ〜すっきりした!

 ネコちゃん、もうかなり統計学をマスターしたんじゃないか? えらい、えらい。

　このように、単位が違ったり異なる性質のものでも、変動係数を用いることによってバラツキを比較できます。
　なお、変動係数には単位はつかないので注意しましょう。

3.5 やっぱり違うものでも比較したい！ 〜変動係数

3.6 基準値と偏差値

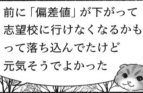

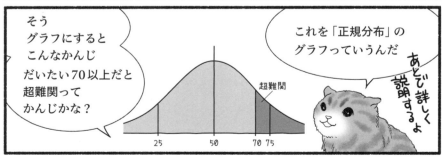

3.6 基準値と偏差値

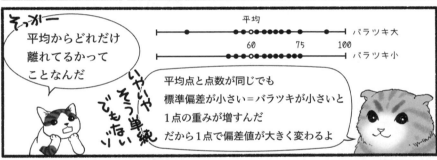

これが基準化のための計算式だ。

$$基準値 = \frac{(個々のデータ) - (平均)}{標準偏差}$$

 確かに標準偏差が計算できたら簡単だ。

 じゃ、ちょっと計算してみようか。

表3.13 数学と英語の点数とそれぞれの基準値

	数学	英語	数学の基準値	英語の基準値
近所の子	75	62	0.80	0.36
お友達	59	75	0.10	1.23
Aさん	53	47	-0.16	-0.64
Bさん	62	71	0.23	0.96
Cさん	48	38	-0.37	-1.24
Dさん	86	69	1.28	0.83
Eさん	92	79	1.54	1.49
Fさん	21	31	-1.55	-1.71
Gさん	12	42	-1.94	-0.97
Hさん	60	53	0.15	-0.24
Iさん	97	83	1.76	1.76
Jさん	79	80	0.97	1.56
Kさん	44	51	-0.55	-0.37
Lさん	64	42	0.32	-0.97
Mさん	71	60	0.63	0.23
Nさん	29	48	-1.20	-0.57
Oさん	57	56	0.02	-0.04
Pさん	34	51	-0.98	-0.37
Qさん	27	38	-1.29	-1.24
Rさん	62	56	0.23	-0.04
平均	56.6	56.6	0	0
標準偏差	23.0	15.0	1	1

 数学と英語、それぞれ平均点は56.6点だね。近所の子は数学が75点、お友達は英語が75点として計算してみたよ。
結果は、0.80（近所の子の数学）＜ 1.23（お友達の英語）になるんだ。同じ点でもお友達の英語の成績の方がいいってことが分かったな。

 すごい！ 数字ではっきり出るから分かりやすいね。

基準化した基準値のいいところは、満点がいくつでも基準値の平均は 0。標準偏差は 1。だから 100 点満点のテストでも 150 点満点のテストでも比較できるんだ。
それに単位が違っても、同じく基準値の平均は 0。標準偏差は 1。
基準化することで違うものを比較できるようになる。便利だよな。

おお〜。

そしてこれが偏差値を求める計算式だ。
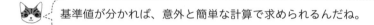
偏差値＝基準値×10 ＋ 50

基準値が分かれば、意外と簡単な計算で求められるんだね。

そう。じゃあ早速近所の子の数学とお友達の英語の偏差値を計算してみよう。

えっと、

近所の子の数学　　$0.80 \times 10 + 50 = 58.0$
お友達の英語　　　$1.23 \times 10 + 50 = 62.3$

あちゃ〜。やっぱり偏差値でも負けちゃっているね〜。

ただ単純に点数だけで判断するより、偏差値の方がずっと自分の実力が分かるんだ。

便利だね。
近所の子、志望校に無事合格できるといいね。

　一般に、成績というと総合得点を重視しがちです。けれど、それでは自分の立ち位置が分かりません。客観的に自分の実力を判断できるのが偏差値です。ただし、偏差値は母集団が異なれば比較できません。例えば、同じ高校生や受験生（現役高校生や浪人生）であれば、偏差値を指標に模試などで学力を比較できます。でも、高校の偏差値と大学の偏差値を比較したり、レベルなどが違う模試同士を比較しても意味がありません。せっかく便利な指標なので、意味を理解して活用しましょう。

推測してみよう
～推定

4.1 どれくらいいるかな？ ～標本から母集団の特徴をとらえる

4.1 どれくらいいるかな? ～標本から母集団の特徴をとらえる

第4章 推測してみよう 〜推定

 ある小さな島に、どれくらいネズミがいるかを調べたい。でも全部捕まえて数えるのは無理だよね。

 ネズミ捕り上手のボクでも、それはムリ〜。

 だからネズミを捕獲して、標識をつけてから放す。そしてネズミが十分に移動したら、同じ条件でまた捕獲する。そのとき、標識がついた個体（以下「標識した個体」）がどれくらい含まれているかを調べる。調べた結果を計算して全体の個体数を推定するんだ。これを「標識再捕獲法」っていう。

 計算って、どうするの？

 1回目に捕獲したネズミ M 匹に標識して放す。2回目に捕獲された個体数が C 匹。その中で標識がついている個体数を R 匹。とすると、全個体数 N は

$$\frac{標識した個体数(M)}{全個体数(N)} = \frac{再捕獲された標識個体数(R)}{2回目に捕獲された個体数(C)}$$

よって、

$$全個体数(N) = \frac{標識した個体数(M) \times 2回目に捕獲された個体数(C)}{再捕獲された標識個体数(R)}$$

$$N = \frac{MC}{R}$$

の式で求められるんだ。

 簡単に計算できるんだね。

 計算はね。調査は大変らしいぞ〜。
動物の移動範囲や行動パターンなんかもちゃんと考えないとダメ。それに、対象とする生き物の数が多すぎるときは、この方法は向いていない。

 何で？

 例えば、100匹のネズミに標識して放したとする。全個体数が100万匹だと

86

4.1 どれくらいいるかな？ ～標本から母集団の特徴をとらえる

したら、標識されている個体の割合は？

えーと、100/1,000,000 だから、1/10,000。
わぁ、1万匹の中に1匹だけしかいないのか〜。

そう、だから2回目に捕獲された個体は、ほとんどが標識されてない個体になっちゃうんだ。

そういうときはどうするの？

広い地域内の個体数を調べるときは、小さい区画をまず作る。その小さい区画の中に分布する個体数を数えて、一定面積に生息する個体数を求めるんだ。例えば、$1km^2$ の中に 50 個体がいるとすると、$100km^2$ の中には 5,000 個体がいると計算できる。これを「区画法（コドラート法）」っていうんだ。

でも、自然環境において生き物の分布は均一ではない。だから、注意しないといけないんだ。

なるほど〜。生き物の個体数を調べるのって難しいんだね。

そう。にゃおさんが前に生き物がどれくらいいるのかを聞かれるのが一番イヤって言っていたな〜。オコジョの調査を山でしてると、「オコジョはこの山に何匹いるんですか？」って聞かれることがあるんだって。でも、ネズミはたくさん捕まえられるにゃおさんでも、オコジョは半年でやっと1個体捕獲できただけ。個体数推定はとてもできないらしい。だから「それを知りたくて、長年調査しています」って答えているんだってさ。

オコジョ？

87

第4章 推測してみよう ～推定

冬のオコジョ

夏のオコジョ

🐶 うちにたくさんグッズがあるだろ？ あの尻尾の先が黒い、ちっちゃいイタチの仲間だ。にゃおさん、ネコグッズやオコジョグッズに目がないから（苦笑）。

🐱 あ〜。この間遊んでいたら、とり上げられちゃったぬいぐるみのやつね〜。そんなに捕まえるのは大変なんだ。

🐶 絶滅危惧種で個体数が少ないうえに、縄張り意識が強いから生息密度が低いんだって。しかも、オレたちネコやオコジョなどの食肉目は、ワナに対する警戒心が強い「トラップ・シャイ」個体も多いそうだ。捕まえるのは難しいだろうな〜。

🐱 ……おかあさん、ワナで捕まえられちゃったけど……。

🐶 あ！ ……すまん……デリカシーがなかった。

🐱 ……大丈夫。気にしないで。

🐶 すまんな……切り替えて進めよう。
ここまでは生態学のお話だ。せっかくだから、このデータを使って統計学の勉強をしてみよう。

🐶 今回は20人で100個のワナを使った捕獲調査のデータを用いる。このデータから、小さな島に生息するネズミの全個体数を推定してみよう。全個体数を求める式は、先に説明したとおり、以下になる。

$$N = \frac{MC}{R}$$

4.1 どれくらいいるかな？ ～標本から母集団の特徴をとらえる

表 4.1 地表性小型哺乳類の捕獲調査のデータから算出した全個体数

調査者	1回目に捕獲した標識個体（M）	2回目に捕獲した個体数（C）	再捕獲された標識個体数（R）	全個体数（N）
にゃおさん	52	51	11	241
I 原さん	50	52	11	236
A さん	29	30	4	218
B さん	15	16	1	240
C さん	33	28	4	231
D さん	26	30	3	260
E さん	37	36	6	222
F さん	16	15	1	240
G さん	8	16	1	128
H さん	14	17	1	238
I さん	36	27	3	324
J さん	33	30	5	198
K さん	19	21	2	200
L さん	40	34	6	227
M さん	24	25	3	200
N さん	11	18	1	198
O さん	24	21	2	252
P さん	15	17	1	255
Q さん	18	11	1	198
R さん	30	23	3	230

 にゃおさんとⅠ原さんって人、すげ～。

Ⅰ原さんは、にゃおさんと長年共同研究をしている凄腕のフィールドワーカーだよ。いろんな生き物に詳しいけれど、特に両生類に力を入れているんだって。ネズミの捕獲もうまいみたいだな。

じゃあ、このデータを使ってネズミの全個体数（N）の平均や標準偏差を求めてみよう。

89

第4章 推測してみよう ～推定

表4.2 地表性小型哺乳類の平均と標準偏差

調査者	全個体数(N)	①偏差	②偏差平方	③偏差平方和	④分散	⑤標準偏差
にゃおさん	241	14.2	201.64			
I原さん	236	9.2	84.64			
Aさん	218	-8.8	77.44			
Bさん	240	13.2	174.24			
Cさん	231	4.2	17.64			
Dさん	260	33.2	1102.24			
Eさん	222	-4.8	23.04			
Fさん	240	13.2	174.24			
Gさん	128	-98.8	9761.44			
Hさん	238	11.2	125.44	26555.2	1327.76	36.4384412399872 ≒ 36.43844
Iさん	324	97.2	9447.84			
Jさん	198	-28.8	829.44			
Kさん	200	-26.8	718.24			
Lさん	227	0.2	0.04			
Mさん	200	-26.8	718.24			
Nさん	198	-28.8	829.44			
Oさん	252	25.2	635.04			
Pさん	255	28.2	795.24			
Qさん	198	-28.8	829.44			
Rさん	230	3.2	10.24			
合計	4536	0	26555.2			
平均	226.8					

平均は226.8匹、標準偏差が36.4匹と求められた。
度数分布表とヒストグラムも作ってみよう。

表4.3 度数分布表

階級 以上｜未満(匹)	調査者	度数
0～50		0
50～100		0
100～150	Gさん	1
150～200	Jさん、Nさん、Qさん	3
200～250	にゃおさん、I原さん、Aさん、Bさん、Cさん、Eさん、Fさん、Hさん、Kさん、Lさん、Mさん、Rさん	12
250～300	Dさん、Oさん、Pさん	3
300～350	Iさん	1
350～400		0
400～450		0
450～500		0

4.1 どれくらいいるかな？ 〜標本から母集団の特徴をとらえる

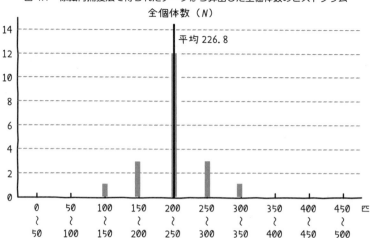

図 4.1 標識再捕獲法で得られたデータから算出した全個体数のヒストグラム

おお〜。偏差値のグラフみたいに山型になっているね〜。
正規分布ってやつ？

そうそう。よく覚えていたな。
よし、今日はここまでにしよう。

　統計学は、さまざまな業務や研究で使われます。それは、私が専門とする生物研究でも同様です。生物研究における統計学の意味を考えてみましょう。例えば、「生物は好きだけど、数学は苦手……」という人がいるとします。ですが、統計学の知識を使えば、好きな生物がもっと理解できるようになります。実は私も、統計学があまり得意ではありません。でも、統計学の知識を身につけて解析できるようになると、自分が調べた生物のデータを最大限に活用できる嬉しさがあります。生物を理解し生物について考える際、大いに効力を発揮してくれるのです。私と同じことを、皆さんのお仕事・研究・学習でも感じていただけると嬉しいです。

　数式が出てきた時点で心が折れそうになる人もいるかもしれません。かくいう私もそうでした。いっきに詰め込むと大変です。ネコちゃんと一緒に少しずつがんばって勉強していきましょう。スローペースで大丈夫です。理解できるようになれば、きっと統計学も楽しくなるはずです。

Column 野生生物の個体数調査

　野生生物の個体数を調べるのはとても大変です。でも、重要かつ必要とされる基礎的な生物情報なので、いろんな推定法が考案されています。ネコ先輩が紹介してくれた標識再捕獲法はメジャーな方法の1つです。この方法は、閉鎖生態系で行うのが理想的です。なぜなら、動物はずっと1つの個体群にとどまっているものばかりではありません。個体群間で行き来するからです。理想モデルとしては、湖の魚や島嶼の動物（飛べない・泳げないもの）があげられます。そこで今回は、小さな島に生息するネズミを想定してみました。

　また、区画法（コドラート法）もよく使われる個体数推定法の1つです。この方法は、フジツボのような付着生物や植物などあまり移動しない生物の調査に適しています。区画法の具体的な方法は、つぎのような流れになります。まず、生息域に一定面積の方形枠を設定します。つぎに、方形枠内部の個体数を調べることで全体の個体数や密度を推定します。方形のサイズは、フジツボのような潮間帯の生物調査の場合は、50×50cmの方形枠を使うことが多いようです。一方、樹木の植生調査などでは20～25m四方くらいの傾向があります。区画面積が広くなると、多くのデータが得られる反面、手間がかかります。そこで、生物のサイズや特性を考慮し効率よく調査できるサイズに設定します。そして、複数個所で調査を行い、その平均値を採用します。生物の分布は均一ではない場合が多いからです。

　区画法は生物を捕獲する必要がないので、誰が調査してもそれなりの結果が得られます。一方、動物を捕獲する調査の場合は調査者の捕獲スキルが影響します。ネコ先輩が紹介してくれたとおり、私は多いときは100個のワナを使って二晩で約60個体の地表性小型哺乳類（ネズミ類のほか、主に落葉層などで活動し、夜には地上へ出ることもある半地中性の食虫目（モグラの仲間）など）を捕獲することもあります。一方、同じ方法・場所・時期で3個体しか捕獲できなかった人もいます。1回目の捕獲個体数が3個体では、2回目の捕獲個体の中に標識された個体が含まれる可能性は限りなく低くなります。これでは個体数推定できません。かくいう私も、一番調べたいオコジョは半年をかけて1個体しか捕獲できませんでした。当然ながら個体数推定などできるはずもなく、調査の難しさを痛感しています。

このように特に難しいのが哺乳類の調査。ですが最近は哺乳類に限らず「フィールドに出て調査する人自体が減った」という話を聞きます。大学院生時代は私自身も実験室にこもって遺伝子解析ばかりしていました。だから大きなことはいえません。ただ私は、実験室での解析ばかりでは物足りなくて、博士号を取得してからフィールドに出るようになりました。野外では、毎回新鮮な発見があります。正確なデータをとることはもちろん重要。ですが、悪天候に見舞われるなどして、調査がうまくいかないこともときにはあります。そういったトラブルも含めて、フィールド調査を楽しんでいます。

Column　捕獲調査の始め方

捕獲というと、子どもの頃に楽しんでいた虫捕りや魚捕りをイメージする人もいるかもしれません。ですが、調査のための捕獲は、子どもの頃の虫捕り・魚捕りとはずいぶん違います。道具の準備や調査手続きなどが予想以上に大変なのです。そして、野生鳥獣の捕獲はさらに困難です。

あまり一般には知られていませんが、野生鳥獣を捕獲するには捕獲許可が必要です。担当行政に申請し、捕獲許可証を発行してもらって調査に携行する必要があるのです。

許可されても制限されたり、詳細な説明を求められたりすることもあります。調査対象種が絶滅危惧種だったり、規制されている区域で調査する場合には制限を受けたり説明を求められます。私の研究対象にもそうしたケースがあります。例えば、絶滅危惧種のオコジョ。調査地が国定公園や鳥獣保護区であることが多いのです。さらに、調査地の1つの長野県では、オコジョは天然記念物に指定されています。よって、さらに別の申請が必要となります。

捕獲許可の申請先である担当行政は通常、都道府県や環境省の鳥獣担当の部署。ところが、調査対象が天然記念物の場合は教育委員会の文化財所管課などにも申請しなければなりません。しかも「地道に手続きを進めていけば捕獲許可は必ずとれます」とはいえません。申請をしたけれど許可されなかった、という方は私の周りでも存外います。

捕獲許可申請をする際は「鳥獣の捕獲等（鳥類の卵の採取等）許可申請書」をまず作成します。他に、研究計画書や捕獲予定地を明示した地図も必要です。学術調査の場合、どこで・どのような目的で捕獲するかが重視されるからです。さらに私は、捕獲器具の取扱説明書の写しや研究業績目録、研究論文の写しも添えます。なぜなら、野生鳥獣を苦しめることなく適切に扱えるスキルと経験も問われるからです。

私の研究は対象生物や生息地の保全が目的で、生け捕りにしてデータをとったのち放獣するため、問題はありません。一方、捕殺する場合はハードルが高いようです。必要な書類を揃えて電話やメールで担当者と相談しながら申請しているので、今まで申請が通らなかったことはありません。

　申請が認められると捕獲許可証が送られてきます。その捕獲許可証を携行して調査開始です。何らかの理由で捕獲動物を飼育する必要がある場合は、申請期間のうちなら申請者が飼育することは可能です。ですが、私は飼育等に関する手続きを追加申請しています。

　実は飼育に関しては苦い経験があります。私は子どもたちを対象とした生き物観察会の講師をすることもあります。普段目にすることのない生き物を観察することで、生き物や自然について考えてほしいという意図からです。オコジョは無理ですが、ネズミ類や食虫類を観察させると、子どもたちは目をきらきら輝かせて喜びます。「飼いたい！」と言い出す子も少なくありません。でも、許可なく野生動物を飼育するのは法律違反。飼育も大変です。それらをきちんと理解できるように説明します。これは教育のチャンスでもあるのです。

　普通はそれで納得してくれるのですが、中には諦めてくれないケースもあります。親まで出てきて、「子どもがこんなに飼いたがっているんだから、何とかしろ！」と詰め寄られたことがありました。そんなときは何度も繰り返し説明します。許可なく野生動物を飼育するのは法律違反であること。許可を受けているのは私なので、私以外は飼育できないこと。野生動物を飼うのは難しいことなどを説明するのです。そうして諦めてもらいましたが本当に大変でした。

　以前、芸能人の方が野鳥を許可なく保護・飼育し、ブログで紹介して物議をかもしているというニュースをみました。その方の優しい気持ちはよく理解できます。生き物を大切に思う気持ちは素晴らしいものです。ですがそれでも法律違反。手続きをしなければ、できないこともあるということは、理解せねばなりません。

　「では、どうしたらいいのだ！　見殺しにしろというのか！」と思われる方もおられるかもしれません。困った場合には、お住まいの行政に問い合わせてみてください。対処法を教えてくれることでしょう。ちなみに東京都は、野鳥や傷病鳥獣の保護を受け付けていません。自然の摂理に任せる方針をとっています。対して、神奈川県などは受け入れています。このように各自治体で対応が違うので確認が必要です。

4.1 どれくらいいるかな？ 〜標本から母集団の特徴をとらえる

　さまざまな手続きは大変かもしれませんが、普段出会うことが難しい野生動物と出会えたときは喜びもひとしおです。オコジョやネズミ類、食虫類は、鳥類のように容易に観察できるものではなく、偶然見つけても一瞬で逃げられることが多い動物です。このような野生動物をじっくり観察できるのが、捕獲調査の醍醐味です。

図 4.2　アカネズミ（左）とカヤネズミ（右）

図 4.3　アカネズミを捕らえたオコジョ

Column 地表性小型哺乳類の捕獲調査

　私はオコジョなどの食肉目イタチ科動物を専門に研究していますが、彼らのエサであるネズミ類にも注目して調査しています。

　漫画の中でも登場した小さなシャーマントラップという生け捕りワナを地面に設置すると、地面を移動する小さな哺乳類（地表性小型哺乳類）が捕獲できます。例えば、これまでつぎのような地表性小型哺乳類を捕獲しました。

ネズミ類
- アカネズミ
- ヒメネズミ
- ハタネズミ
- スミスネズミ
- カヤネズミ
- ハツカネズミ

食虫類（モグラの仲間）
- シントウトガリネズミ
- ジネズミ
- ヒミズ
- ヒメヒミズ

　捕獲調査の方法は、調査者によって多少変わりますが、私の場合はまず夕方調査地に100個のワナを設置します。その後、深夜0時にワナを確認して動物がかかっているワナを回収して新しいワナと交換します。捕獲した動物は、データをとったら飼育ケースに入れて一時的にストックしておきます。早朝5〜6時頃には、またワナの確認・データをとって一時ストックします。昼間は仮眠をとり、夕方と深夜0時にまた確認・データをとって一時ストック。3日目の早朝にすべてのワナを回収して終了です。捕獲した動物のデータをすべてとったあと、捕獲した場所へ放獣します。

　動物の標識の仕方はさまざまで、鳥類では足環を装着して標識しますし、カメ類は甲羅にマーキングします。中型・大型哺乳類では首輪や耳にタグをつけたりします。比較的容易に装着でき、長期間標識をつけておくことが可能です。

対してネズミ類には、あまりよい方法がありません。一昔前は、ネズミ類の標識再捕獲法に「指切り法」が使われていました。四肢の指に法則性を決めて切断し、個体識別する方法です。しかし、私が捕獲調査を始めた頃には、すでに動物に苦痛を与える方法として認められず、指切りをするなら捕獲許可を出さないとのことでした。私自身、指を切るのは嫌だったので問題ありませんが、標識が難しいことに変わりはありません。

図 4.4 指切り法による識別例

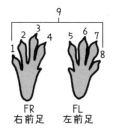
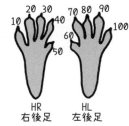

出典：草野忠治、石橋信義、森樊須、藤巻裕蔵（1991）『応用動物学実験法』全国農村教育協会

そこで代替方法として、お尻や背中の毛を刈って標識します。その後、野に放ち、ネズミが十分に移動した頃に再捕獲します。しかし天候などの関係から調査時期が遅れてしまうと、再捕獲した頃には毛が伸びて標識が分からないことも。タイミングを逃がさないように気を付ける必要があります。

ちなみにネズミ類には、食肉目のようなワナを忌避する「トラップ・シャイ」個体はあまりみられません。調査後、元の場所に放獣した際、側に置いてあったワナに再度かかることも珍しくありません。うっかり逃がしてしまっても、慌てずワナを置いておけばすぐにかかります。つまり、再捕獲が容易ということ。しかし、あまりにワナにかかるのは困りもの。そこで、一度捕獲した個体を数時間後にまた再捕獲しないよう、調査期間中はしばらく手元に置いておきます。これを私は「一時ストック」とよんでいます。

捕獲調査では毎回発見があります。季節が変わると多く捕獲できる種が変わることもあります。特定の季節にだけ捕獲できる種もいます。また、サプライズやトラブルもあります。例えば、長野県の御嶽山にて調査したときのできごと。シャーマントラップがいくつか行方不明になったのです。付近を探してみると、笹薮の中にシャーマントラップが転がっていました。ワナの中にはハタネズミが入っていて、ワナが少し歪んでいました。おそらくキツネがワナごと持っていき、ワナの中のネズミをとろうとしたのでしょう。タヌキもワナにいたずらすることがあります。そんなとき、食肉目が大好きで研究している私は何だか嬉しくなります。なぜなら、同じ獲物をとり合う同士のような気持ちになるから。もちろん、私はネズミを食べませんし、ワナの中のネズミは怖かったでしょうが……。

また、捕獲した個体がワナの中で出産していたこともありました。1回や2回ではなく、何度も経験しています。「5〜6時間ごとにワナを確認しているのだから、数時間我慢してくれればいいのに」と思います。でも、それは無理なお願いのようです。私は動物がワナの中で不自由しないように、エサと水分補給用の果物と保温用のティッシュを入れています。そんなこともあり、ワナの中は巣穴のようで快適なのかもしれません。ワナの中で産まれたばかりの赤ちゃんは放獣できないので、動けるようになるまで飼育することになります。そのおかげでアカネズミ、ヒメネズミ、ハタネズミ、ヒミズの赤ちゃんの成長過程を観察することができました。実は、一度飼育した個体を放獣することには賛否があります。ですが私は、極力接触を避けることで人馴れと病気感染等に配慮し、放獣可能になった時点で速やかに放獣しています。

図4.5　ハタネズミの赤ちゃんたち

ワナの中で発見されたときは丸裸だった

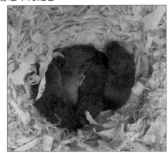
毛が生えてネズミらしくなりました

これくらい育てば放獣できる

地表性小型哺乳類は、食肉目のエサというだけではありません。植生の変化の影響を受けやすいという性質もあって興味深いので、私が専門としているオコジョがいない神奈川県の箱根でも地表性小型哺乳類を調査しています。芦ノ湖の南岸に位置する「箱根やすらぎの森」の中に、「箱根町立森のふれあい館」（https://www.hakone.or.jp/morifure）という博物館があります。ここに長年勤める石原龍雄さんは、箱根の自然にとても詳しい方。大学院生時代からお世話になっている共同研究者です（本文では「I原さん」役でご登場願いました）。この箱根やすらぎの森では、定期的にハコネダケの刈り払いなどをしているので、植生管理が地表性小型哺乳類に与える影響を調べるのに適したフィールドなのです。

箱根に行かれた際には、森のふれあい館と箱根やすらぎの森にお立ち寄りください。博物館の展示がとても充実していますし、森を散策すると多くの野鳥を観察することができます。44ヘクタールの園内では、これまでに21種類の哺乳類も観察されており、ニホンジカやノウサギを目にすることもあります。ガイドウォークも年に20回ほど開催されているそうです。

4.2 ズレることもある ～系統誤差と偶然誤差

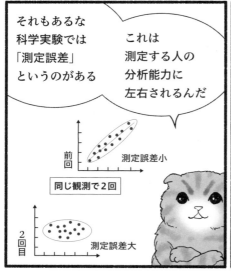

4.2 ズレることもある ～系統誤差と偶然誤差

データは正確に取らないと統計解析しても意味がなくなる 測定誤差は減らすように努力しないとね！

統計学では「系統誤差」と「偶然誤差」がよく知られてるぞ

<u>系統誤差（ズレに方向性あり）</u>
測定器の特性、測定者のくせ、理論の誤りなど

<u>偶然誤差（方向性なし）</u>
測定器の精度限界、測定者のランダムな測定ムラ、制御できない環境変化など

誤差の傾向がわかれば回避したり小さくすることもできる

ちなみに測定誤差はどっちにも当てはまったりするけど 測定者の経験不足や誤操作なんかは「過失誤差」って言い方をすることも…

こういう誤差の影響でバラつくんだね

そう 個々のデータのバラツキを表すのが「標準偏差」

対して標本分布のバラツキは「標準誤差」っていうんだ

「標準偏差」を標本サイズの平方根で割ることで得られるよ

だから標本サイズが大きくなると標準誤差は小さくなる

実験回数・試行回数 データ数など

標本数が多い方が精度が上がるってコトだね

101

第 4 章　推測してみよう　～推定

 測定誤差を訓練して小さくすることは大事だけれど、それでもやっぱり変なデータが出てくることもある。調査や実験をしていると、1 つだけ他のデータから大きくズレた値が出てきたりするのは、よくあることらしい。そういう値のことを「外れ値」っていうんだ。

図 4.6　外れ値（○で囲んだところ）

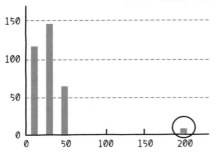
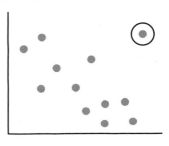

 あ〜。こういうのは気持ち悪い。無視したい。

 気持ちは分かるけれど、そういった自分の考えだけでデータを外すのは NG なんだ。

 ええ〜。じゃあ、どうするの？

 外れ値の原因として考えられるものはいくつかある。それぞれ検討して対処しないとダメなんだ。
まず、記録ミスや計算ミスなどのエラーをチェックする。問題がなければ、測定ミスを疑って再測定してみる。これで解決することも多いんだ。
でも解決しない場合はデータを吟味する。実験の条件が変わってないかとか、調査中に異常がなかったかとかな。
いろんな方向からデータを見て確かめて、それでも思い当たる問題がなければ、勝手に外れ値を解析から外さない方がいいんだ。

 う〜ん、判断が難しそう……。

 そうだな。そもそも、真の値をピタリと突き止めるのは不可能だしな。

でも、限りなく近付けて母集団の特徴をつかむのが推測統計学なんだ。誤差をどれだけ排除できるかがカギだな。

なるほど〜。いっそ神さまがこっそり真の値を教えてくれたらいいのに〜。

確かに（笑）。

　データを集めるのは人。どうしてもミスをすることもありますし、測定器の精度にも限界があったりと、なかなか正確なデータを得るのは難しいものです。それでも、できるだけ誤差が出ないように努めましょう。

> ### Column 実験の測定ミス
>
> 　統計データはさまざまです。アンケート調査では、設問が誘導的な場合などで結果に影響が出てしまうこともあるかもしれません。ですが、データを集める際にミスをすることはあまりないでしょう。記録ミスや集計・計算ミスを疑う程度でクリアできることがほとんどです。
>
> 　対して科学実験や調査研究は、データをとる際の人為ミスが多岐にわたります。化学や生物の実験では、薬品などの液体や固体を扱うことが多々あります。最近はデジタルで計測できるものも多く売られていますが、測定機器を使って測るのは人間です。計算から導き出した理論値を人間が測りとる際、どうしても測定ミスが生じてしまうことがあります。初歩的なものから、繰り返しトレーニングすることで精度を上げられるもの、どうしてもズレてしまうもの（系統誤差と偶然誤差）までさまざまです。
>
> 　実験前の初歩的なものとしては、「有効数字」を理解してない場合があります。例えば、$1m\ell$のメスピペット（一定の容積を正確に測りとるための器具）で$0.739m\ell$の試薬を測りとるとしましょう。その際、使用したメスピペットの目盛りが小数点第二位までしかなかったら、小数第三位の0.009は目分量になってしまいます。よって、この場合の有効数字は3桁になります。有効数字を理解しないまま計算しないように気を付けましょう。

第 4 章　推測してみよう　〜推定

　また、測定する際は測定器を正しく使うようにしましょう。メスピペットは$m\ell$単位の比較的多い量をはかる器具です。遺伝子実験などの場合には、$\mu\ell$単位の微量を測りとる「マイクロピペット」を使います。私は、生物の遺伝情報を担う「DNA（デオキシリボ核酸）」を研究対象のサンプルから抽出し、特定の遺伝領域を増幅する「PCR法（ポリメラーゼ連鎖反応法；polymerase chain reaction）」などの分子遺伝学的な実験をしています。例えば、$50\mu\ell$の溶液中に$1\mu\ell$のDNA抽出液を入れるというような微量溶液を扱う作業をよくします。この作業で必要量を測りとる際、チップの先をどっぷり溶液の中に浸けると、チップの外壁にも溶液が付着してしまいます。すると、必要量より多くとってしまうことがあります。$1\mu\ell$のような微量の場合、外壁に付着した溶液の量の方が多くなることもあり、実験に与える影響は大きくなります。非常に繊細でデリケートな作業なので、できるだけ正しく測りとることができるように訓練する必要があります。

　実験をする際には事前にトレーニングをする。そして、外れ値が出た場合には再測定するなどして検証する——そうして、測定誤差を最小限にとどめるよう配慮する必要があります。

図 4.7　マイクロピペットの使用方法

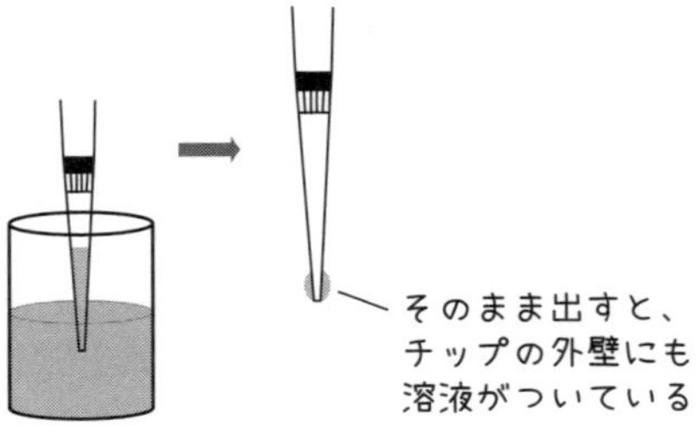

そのまま出すと、
チップの外壁にも
溶液がついている

4.2　ズレることもある　〜系統誤差と偶然誤差

105

4.3 どう違うの？ 〜標準偏差と標準誤差

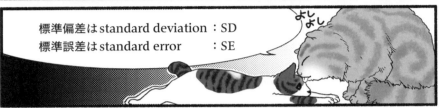

標準偏差はstandard deviation：SD
標準誤差はstandard error ：SE

SDは得られた標本データの（平均値からの）バラツキの度合いを表す指標だ

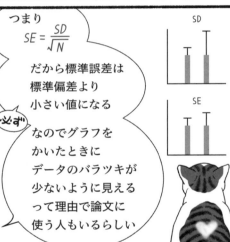

つまり
$$SE = \frac{SD}{\sqrt{N}}$$

だから標準誤差は標準偏差より小さい値になる（必ず）

なのでグラフをかいたときにデータのバラツキが少ないように見えるって理由で論文に使う人もいるらしい

対してSEは平均値そのもののバラツキを表す

SDを標本サイズ（N）の平方根で割ると得られるぞ

う〜ん

バラツキが少ない方がグラフはカッコいい気がする

だったら全部標準誤差SEにしちゃえば？

4.3 どう違うの？ ～標準偏差と標準誤差

第4章　推測してみよう　〜推定

標準偏差は、単一サンプル内での変動性を測定する。標準誤差は、サンプル間の変動性を推定するために使うって感じかな。例外もあるかもしれない。けれど、ざっくりいえばそんな感じ。

なるほどね〜。だったら、にゃおさんたちのネズミの捕獲調査データからネズミの全個体数を推定する場合は、標準誤差を使うのがいいんだね。母集団からランダムに抽出（捕獲）して、ネズミ全体を推定する推測統計学だから……。

そういうこと。同じ条件で何度も同じ調査をする。その調査ごとに平均を出す。調査ごとに出した平均データを使って、標準誤差を求めたり、グラフを描く。そうするのが理想的だ。

なるほど〜。言葉は似ているけれど、やっぱり違いがちゃんとあるんだね。

ネコちゃんが混乱するのも仕方ないよ。少しずつ理解していけば大丈夫。

　研究者が行う科学実験の多くは、母集団の情報を知りたくて実験や調査を行い、データを集めています。ところが、母集団が大きすぎて、すべてを調べることはできません。求めたい真の値は分からない状態なのです。だからできるだけ多くのデータを集め、そこから真の値を推測するために統計解析をするのです。
　すでにさまざまな方法が考えられています。さまざまな方法から自分の研究に合った方法を使わないと意味がありません。気を付けるようにしましょう。

4.3 どう違うの？ ～標準偏差と標準誤差

4.4 できるだけたくさん調べよう　〜大数の法則と中心極限定理

今回は標本平均に関する2つの定理について説明するよ

標本平均は標本サイズが大きくなるにつれて2つの傾向がみられるんだ

①大数の法則
標本平均は、標本サイズが大きくなるにしたがって真の値である母平均に近付く

たくさん実験調査してデータを多くとったほうが推定の精度が上がって誤差が小さくなるってコトだ

②中心極限定理
標本サイズが大きくなるにつれ、標本平均の分布が正規分布に近付き、標本平均と母平均とのズレ＝偶然誤差が小さくなる

じゃネズミの捕獲調査も1000個くらいのワナで100人くらいで…

理想はそうだけどネズミの捕獲は労力が……

ネコの平均体重とかだったらこの2つの定理は当てはまる
例えば5歳のオスネコの平均体重ってかんじで条件をある程度そろえて多数を調べたら
正規分布に近付いて真の値にかなり近い母平均が得られるぞ

それやってみたい

①大数の法則

標本平均は、標本サイズが大きくなるにしたがって真の値である母平均（母集団の平均）に近付く。

②中心極限定理

標本サイズが大きくなるにつれ、標本平均の分布が正規分布に近付き、標本平均と母平均とのズレ＝偶然誤差が小さくなる。

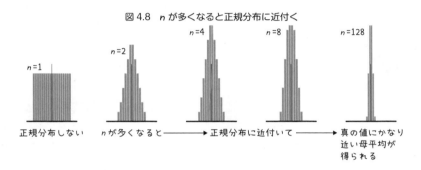

図4.8 n が多くなると正規分布に近付く

標本平均は、標本サイズが大きくなるほど母平均とのズレが小さくなり、母平均に近付きます。科学実験――特にフィールドでの調査やデータを得にくい生物の調査などには限界がありますが、可能な範囲で標本サイズを増やすことをおすすめします。

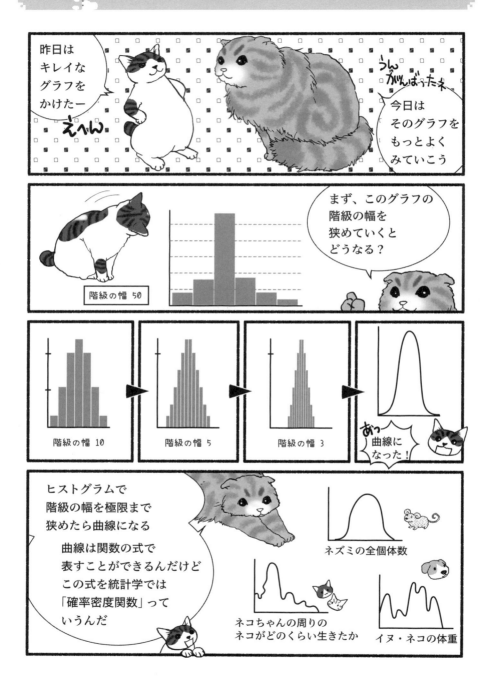

4.5 結果はまとまっている？ ばらばら？ 〜正規分布、標準正規分布

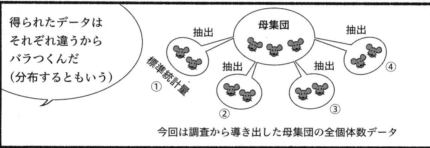
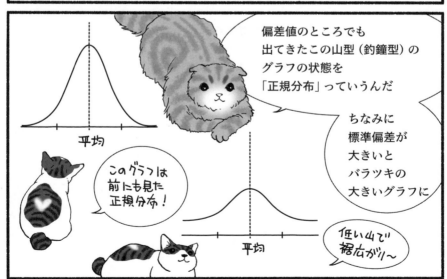

😺 この間説明した受験生の偏差値や全国の中学2年生の平均体重みたいに、条件が同じでデータの数が多くなると正規分布になることが知られているんだ。

😼 なるほど〜。あ、そうか。イヌとネコの体重や、ボクの知っている野良ネコ仲間がどれくらい生きたかってグラフは、条件が同じじゃなかったり数が少なかったりした。そりゃ、変な形のグラフになるね。

😺 そう。野良ネコのデータは少なすぎた。イヌとネコの体重は、犬種・猫種の差が影響したんだな。それに、イヌ全体やネコ全体って意味では、数が少なすぎたんだ。

😼 なるほど。そういうのを理解していたら、グラフを見て判断できるね。

😺 そうだな。とりあえずデータをとって、平均値や標準偏差を求めてグラフを描けば、何となく解析したような気になる。でも、そのデータの分布の状態を把握したうえで正しく使わないとダメなんだ。

😺 それはさておき、この正規分布のグラフは、

$$y = \frac{1}{\sqrt{2\pi\sigma^2}} \; e^{\frac{-(x-\mu)^2}{2\sigma^2}}$$

という方程式で表される（確率密度関数）。
π は円周率で3.14159……。
μ は平均、e は自然対数の底[注1]で 2.71828……。
σ は標準偏差（0より大きい）。

😺 この分布を「平均 μ、標準偏差 σ の正規分布 $N(\mu, \sigma^2)$」というんだ。
ちなみに N は、正規分布を意味する normal distribution の頭文字、σ^2 は標準偏差の2乗だから、つまり分散のことだ。

😼 どれも一度は聞いたことがある。だけど、やっぱり数式になると難しい……（汗）。

😺 焦らなくて大丈夫。少しずつ慣れていこう。

注1 ネイピア数。2.71828182845…と無限に続く超越数のこと。小数表記では書き切れないため、通常は記号 e で表される値。

図 4.9 正規分布のグラフの特徴

正規分布 $N(\mu, \sigma^2)$
$$y = \frac{1}{\sqrt{2\pi\sigma^2}} e^{\frac{-(x-\mu)^2}{2\sigma^2}}$$

平均 μ を中心として、左右対称
変曲点
面積は 1
$\mu - \sigma$　　μ　　$\mu + \sigma$
平均

- さて、この正規分布のグラフは平均 μ を中心として左右対称になっている。そして平均 μ から右（＋方向）へ標準偏差 σ いったところ＝（$\mu + \sigma$）、平均 μ から左（－方向）へ標準偏差 σ いったところ＝（$\mu - \sigma$）に、曲線の凹凸の変わり目を示す点「変曲点」がそれぞれあるんだ。

- さらに確率密度関数と X 軸で囲まれる部分（グレーの部分）の面積は 1。この面積は、すべての事象が起こる確率だ。今回の場合は、小さな島でネズミの捕獲調査をした結果から得られる全個体数（N）は、すべてこの面積の中に含まれる。

> なるほど〜。
> あ、同じ条件で 3 個体しか捕獲できなかった人がいたってにゃおさんが言ってたけれど、そういうデータはどうなるの？

- 1 回目の調査で 3 個体しか捕獲できなかった場合、2 回目の調査で標識個体が含まれる可能性は限りなく 0 に近い。でも一応 0 以上ではあるから、やっぱりグレーの面積の中には含まれるな。ただし明らかに測定誤差レベルだから、もう少し捕獲スキルを上げないとダメだろうけれど（苦笑）。

- ちなみに、平均 μ が同じで標準偏差 σ が変わると、山の高さと裾の幅が変わる。標準偏差が小さいと、ほっそりして尖った高い山になるし、さっきも説明したように、標準偏差が大きい＝バラツキが大きいと低くて裾が広がった山になる。

図 4.10 平均 μ が同じで標準偏差 σ が変わる場合

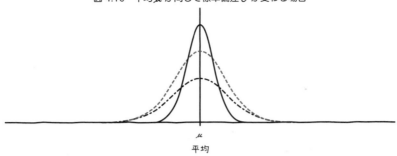

対して標準偏差 σ が同じで平均 μ が変わると、グラフの形は同じのまま左右に移動するんだ。

図 4.11 標準偏差 σ が同じで平均 μ が変わる場合

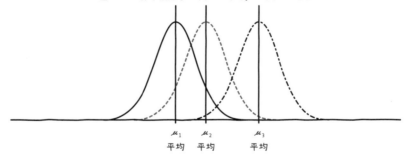

グラフを見ただけでいろいろイメージできるね。

そう、目で見た印象は大事。
そして、このグラフからもっといえることがある。

μ と $\mu+\sigma$ の間の面積は、

$$34.13\% = 0.3413 \cdots\cdots ①$$

$\mu+\sigma$ と $\mu+2\sigma$ の間の面積は

$$13.59\% = 0.1359 \cdots\cdots ②$$

$\mu+2\sigma$ と $\mu+3\sigma$ の間の面積は

$$2.145\% = 0.02145 \cdots\cdots ③$$

$\mu+3\sigma$ 以上の面積は

$$0.135\% = 0.00135 \cdots\cdots ④$$

だと分かっている。

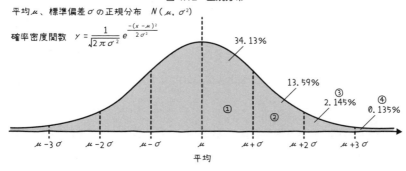

図 4.12　正規分布

そして、確率密度関数は左右対称だから、

$\mu \pm \sigma$ の間の面積は

$$68.26\% = 0.6826$$

$\mu \pm 2\sigma$ の間の面積は

$$95.44\% = 0.9544$$

$\mu \pm 3\sigma$ の間の面積は

$$99.73\% = 0.9973$$

それ以外の面積は

$$0.27\% = 0.0027$$

が得られるんだ。

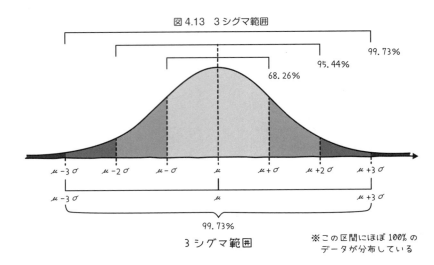

 う〜んと、左右対称だから 2 倍なのは分かるけど、これにどんな意味があるの？

例えば今回のネズミ捕獲調査の場合、平均 230 個体、標準偏差 30 の正規分布で表せるとしよう。このとき、この結果を用いると、200（=230-30）個体から 260（=230+30）個体の間に調査結果（捕獲数）がおさまる人は約 68% いるってことが分かるんだ。

同様に $\mu \pm 2\sigma$ の間には 95%、$\mu \pm 3\sigma$ の間には 99%、ほぼすべてが入るんだ。この区間は「3 シグマ範囲」といわれることがある。
特に 68% と 95% はよく出てくるから、覚えておくといいよ。

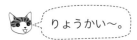 りょうかい〜。

よし、ここからもう少し踏み込んでいくぞ。
ある確率変数 X の確率分析が正規分布 $N(\mu, \sigma^2)$ であるとき、「確率変数 X は $N(\mu, \sigma^2)$ に従う」といい、$X \sim N(\mu, \sigma^2)$ と表す。μ は平均、σ^2 は分散だ。
そして正規分布の中で平均が 0、分散が 1、つまり標準偏差が 1 であるものを「標準正規分布」というんだ。
実は標準正規分布は、正規分布を「標準化（基準化）」したらできるんだ。

図4.14 標準正規分布

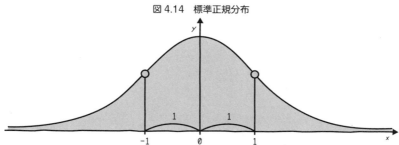

😺 標準化? あ、偏差値を出すときに勉強した基準化ってやつ?

😸 そうそう。よく覚えていたな。

😸 標準化を求める計算式は、

$$基準値 = \frac{(個々のデータ)-(平均)}{標準偏差}$$

だったから、同じ考え方で $X \sim N(\mu, \sigma^2)$ のとき、

$$Z = \frac{X-\mu}{\sigma}$$

この式ですべて標準化すれば、$Z \sim N(0, 1)$ になる。

😺 Z?

😸 標準正規分布のときは、Z を使うことが多いんだ。正規分布では X を使う。正規分布と区別しないと混乱するだろ。

😺 なるほど。で、正規分布を標準化するのはどうして?

😸 いい質問だ。そういうのが分からないと数式を見ているだけじゃ辛いもんな。

😸 まず、平均を0にすることでx=0とする左右対称のグラフになるだろ。そうすると、X軸の目盛りが平均を軸に標準偏差の±N倍になるんだ。
つまり、$\mu=0$ で $\sigma^2=1$ より $\sigma=1$ だから、

$\mu \pm 1\sigma$、$\mu \pm 2\sigma$、……、$\mu \pm N\sigma$ が、±1、±2、……、±N になるんだ。

図 4.15 標準正規分布の性質

平均 0、標準偏差 1 の標準正規分布 $N(0, 1)$ のグラフ

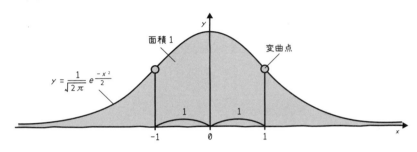

なるほど。それは分かりやすいね。

そう。こうやって基準化すれば、すべての分布を、標準正規分布として比較できるようになるんだ。基準化することで、違うものを比較できるようにするってことだ。偏差値でもそうだったよね。
そして、それぞれのデータが集団の中で相対的にどの位置にあるのかを標準化すれば知ることができる。

さらに、標本データが正規分布に従う場合は、このデータを標準化することで「標準正規分布表」を用いて確率を求めることができるんだ。

確率？

例えば「標準正規分布に従う Z がとる値が z 以上となる確率」とかね。

うーん。いまいちイメージできないけれど、標準正規分布表ってどんなの？

これ（次ページ参照）。

4.5 結果はまとまっている？ ばらばら？ 〜正規分布、標準正規分布

表 4.4 標準正規分布表

z	0.00	0.01	0.02	0.03	0.04	0.05	0.06	0.07	0.08	0.09
0.0	0.5000	0.4960	0.4920	0.4880	0.4840	0.4801	0.4761	0.4721	0.4681	0.4641
0.1	0.4602	0.4562	0.4522	0.4483	0.4443	0.4404	0.4364	0.4325	0.4286	0.4247
0.2	0.4207	0.4168	0.4129	0.4090	0.4052	0.4013	0.3974	0.3936	0.3897	0.3859
0.3	0.3821	0.3783	0.3745	0.3707	0.3669	0.3632	0.3594	0.3557	0.3520	0.3483
0.4	0.3446	0.3409	0.3372	0.3336	0.3300	0.3264	0.3228	0.3192	0.3156	0.3121
0.5	0.3085	0.3050	0.3015	0.2981	0.2946	0.2912	0.2877	0.2843	0.2810	0.2776
0.6	0.2743	0.2709	0.2676	0.2643	0.2611	0.2578	0.2546	0.2514	0.2483	0.2451
0.7	0.2420	0.2389	0.2358	0.2327	0.2296	0.2266	0.2236	0.2206	0.2177	0.2148
0.8	0.2119	0.2090	0.2061	0.2033	0.2005	0.1977	0.1949	0.1922	0.1894	0.1867
0.9	0.1841	0.1814	0.1788	0.1762	0.1736	0.1711	0.1685	0.1660	0.1635	0.1611
1.0	0.1587	0.1562	0.1539	0.1515	0.1492	0.1469	0.1446	0.1423	0.1401	0.1379
1.1	0.1357	0.1335	0.1314	0.1292	0.1271	0.1251	0.1230	0.1210	0.1190	0.1170
1.2	0.1151	0.1131	0.1112	0.1093	0.1075	0.1056	0.1038	0.1020	0.1003	0.0985
1.3	0.0968	0.0951	0.0934	0.0918	0.0901	0.0885	0.0869	0.0853	0.0838	0.0823
1.4	0.0808	0.0793	0.0778	0.0764	0.0749	0.0735	0.0721	0.0708	0.0694	0.0681
1.5	0.0668	0.0655	0.0643	0.0630	0.0618	0.0606	0.0594	0.0582	0.0571	0.0559
1.6	0.0548	0.0537	0.0526	0.0516	0.0505	0.0495	0.0485	0.0475	0.0465	0.0455
1.7	0.0446	0.0436	0.0427	0.0418	0.0409	0.0401	0.0392	0.0384	0.0375	0.0367
1.8	0.0359	0.0351	0.0344	0.0336	0.0329	0.0322	0.0314	0.0307	0.0301	0.0294
1.9	0.0287	0.0281	0.0274	0.0268	0.0262	0.0256	0.0250	0.0244	0.0239	0.0233
2.0	0.0228	0.0222	0.0217	0.0212	0.0207	0.0202	0.0197	0.0192	0.0188	0.0183
2.1	0.0179	0.0174	0.0170	0.0166	0.0162	0.0158	0.0154	0.0150	0.0146	0.0143
2.2	0.0139	0.0136	0.0132	0.0129	0.0125	0.0122	0.0119	0.0116	0.0113	0.0110
2.3	0.0107	0.0104	0.0102	0.0099	0.0096	0.0094	0.0091	0.0089	0.0087	0.0084
2.4	0.0082	0.0080	0.0078	0.0075	0.0073	0.0071	0.0069	0.0068	0.0066	0.0064
2.5	0.0062	0.0060	0.0059	0.0057	0.0055	0.0054	0.0052	0.0051	0.0049	0.0048
2.6	0.0047	0.0045	0.0044	0.0043	0.0041	0.0040	0.0039	0.0038	0.0037	0.0036
2.7	0.0035	0.0034	0.0033	0.0032	0.0031	0.0030	0.0029	0.0028	0.0027	0.0026
2.8	0.0026	0.0025	0.0024	0.0023	0.0023	0.0022	0.0021	0.0021	0.0020	0.0019
2.9	0.0019	0.0018	0.0018	0.0017	0.0016	0.0016	0.0015	0.0015	0.0014	0.0014
3.0	0.0013	0.0013	0.0013	0.0012	0.0012	0.0011	0.0011	0.0011	0.0010	0.0010
3.1	0.0010	0.0009	0.0009	0.0009	0.0008	0.0008	0.0008	0.0008	0.0007	0.0007
3.2	0.0007	0.0007	0.0006	0.0006	0.0006	0.0006	0.0006	0.0005	0.0005	0.0005
3.3	0.0005	0.0005	0.0005	0.0004	0.0004	0.0004	0.0004	0.0004	0.0004	0.0003
3.4	0.0003	0.0003	0.0003	0.0003	0.0003	0.0003	0.0003	0.0003	0.0003	0.0002
3.5	0.0002	0.0002	0.0002	0.0002	0.0002	0.0002	0.0002	0.0002	0.0002	0.0002
3.6	0.0002	0.0002	0.0001	0.0001	0.0001	0.0001	0.0001	0.0001	0.0001	0.0001
3.7	0.0001	0.0001	0.0001	0.0001	0.0001	0.0001	0.0001	0.0001	0.0001	0.0001
3.8	0.0001	0.0001	0.0001	0.0001	0.0001	0.0001	0.0001	0.0001	0.0001	0.0001
3.9	0.0000	0.0000	0.0000	0.0000	0.0000	0.0000	0.0000	0.0000	0.0000	0.0000

……うわぁ……これ、どうやって使うの？

さっきの「標準正規分布に従う Z がとる値が z 以上となる確率」で説明しよう。確率変数 Z（$Z \sim N(0,1)$）が、とある値 z（$z>0$）より大きくなる確率 $P(Z>z)$ を、標準正規分布表を使って求めるんだ。つまり、下のグラフの斜線の部分にデータが入る確率だね。

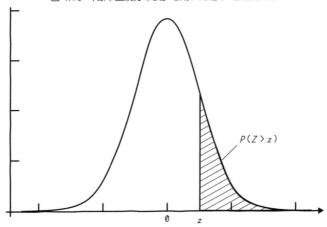

図 4.16 「標準正規分布表」を用いた確率（斜線部分）

あ、グラフで見ると分かる。

よかった。

で、標準正規分布表の使い方は表の一番左をまず見る。
これは、z の小数第一位の数値が与えられているんだ。
そして一番上は z の小数第二位の数値だ。
例えば $P(Z>1.96)$、つまり 1.96 以上の値をとる確率を知りたい場合は、「一番左にある 1.9」と「一番上にある 0.06」が交わるところを見る。

え～と、0.0250 だね！

正解！
じゃあ、$P(Z<1.96)$ は？

4.5 結果はまとまっている？ ばらばら？ ～正規分布、標準正規分布

ええっ!?

ヒント。「確率密度関数と X 軸で囲まれる部分の面積は 1」

そうか！

$$P(Z<1.96)=1-0.0250=0.9750$$

だ！

正解〜。
「>」と「<」をきちんと見分けてうまく使えば、いろんな面積＝確率が求められるんだ。

おお〜 これは便利！

もう気付いていると思うけれど、面積＝割合＝確率だよ。
数式がいっぱい出てきて、おまけにその数式が記号だらけで混乱すると思う。
でも、具体的な例題を解いてみると理解できるよな。
心が折れそうになることもあると思うけれど、諦めずがんばって勉強していこう。

123

4.6 どこまで信頼できる？ 〜信頼区間と信頼係数

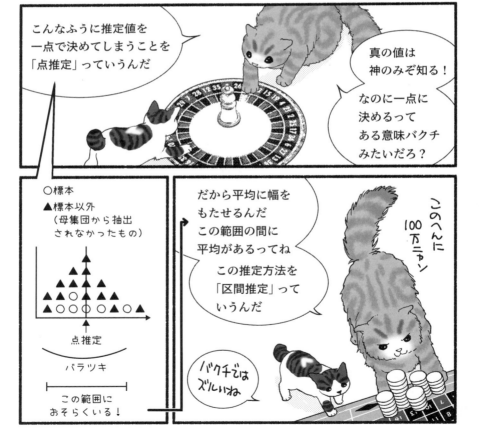

4.6 どこまで信頼できる？ 〜信頼区間と信頼係数

そしてこの幅のことを
「信頼区間」
っていうんだ

信頼区間

この幅は
どうやって
決めるの？

決める基準となるのが
「信頼係数」だ

信頼水準とか
信頼度ともいわれる

新しいコトバが
いっぱい
でてくるな

よく使われるのは
95%

95%

99%

データ抽出と
区間推定を
100回としたとき
平均が95回くらいに
入ることを「信頼係数95%」
その区間を「95%信頼区間」
という

ちなみに信頼区間の
範囲外は
「有意水準」っていう
グラフの白い部分が
95%信頼区間とすると
グレーの部分が
有意水準

0.4
0.3
0.2
0.1
0.0

95%

2.5%

-4 -2 0 2 4

95%の残りが5%だから
半分の2.5%ずつなんだネ

125

母平均の区間推定は、母分散（母集団の分散）が分かっている場合と、分かってない場合とでは算出方法が異なる。だから、母分散が分かっているとして標準正規分布で考えてみよう。
標準化した標本平均のバラツキ＝標準誤差は 1 だった。だから計算が簡単になるし、標準正規分布表が使えるようにもなるね。

標準正規分布表をどうやってみればいいの？

まず、グラフのグレーの部分は 2.5％ ずつだったよな。つまり 0.025 だ。
その値を標準正規分布表で探してみよう。

えーと。1.96 のところが 0.025 だ。

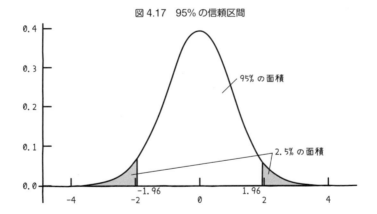

図 4.17　95％ の信頼区間

そう。だから 95％ の信頼区間は、上のグラフみたいに -1.96 から 1.96 の間ってことになる。

なるほど〜。
は〜、いっぱい勉強して頭が疲れちゃった〜。

よくがんばったな。今日はここまでにしよう。

本当に知りたい真の値は誰にも分かりません。ですが、真の値になるべく近い値が得られるようにさまざまな検証が行われて便利な方法が発見されています。特に、正規分布と標準正規分布、そして標準正規分布表を使った信頼区間が理解できれば、より信頼性の高い解析ができます。

「正規分布」「標準正規分布」「標準正規分布表を使った信頼区間」は、皆さんも活用してみてください。

第 5 章

ネコの性格を調べてみよう

~独立性の検定

5.1 性格を調べてみよう ～性格は遺伝子で決まる？

5.1 性格を調べてみよう ～性格は遺伝子で決まる？

※1本の毛の先端がレッド、生え際が白になっている「レッドシルバー」とよばれる色のこと

第5章 ネコの性格を調べてみよう ～独立性の検定

遺伝にはいろんな法則や
パターンがあるんだ
例えばネコちゃんの
場合は…

ブラウン（茶）　優性
BB or Bb
マッカレルタビー　優性
TT or TT^b
短毛　優性
LL or Ll
ボブテイル　劣性
tt

ブルー　劣性
dd
クラッシックタビー　劣性
T^{b}T^b
長毛　劣性
ll
折れ耳　優性
Fd

オレは

詳しくは
あとで

優性は
父か母どちらか
一方から遺伝子を
1つ受け継げば
表に出てくる

対して劣性は
父と母両方、つまり
遺伝子が2つないと
表に出ないんだ

つまり
優性遺伝子がひとつ
でもあれば表に
出るってこと
だな

5.1 性格を調べてみよう ～性格は遺伝子で決まる？

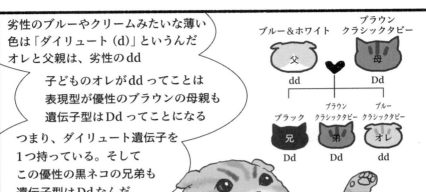

5.1 性格を調べてみよう　〜性格は遺伝子で決まる？

お勉強もいいけれど、遺伝子と性格の研究がどんなものか、ざっくりとでいいからまず教えてよ〜。

ははは。そうだな。この研究は、ネコの性格のうち「荒っぽい」という側面にある特定の遺伝子が影響している可能性を示唆しているんだ。

荒っぽい？　それは怖い性質だね〜。お友だちになるにはちょっと気を付けないと……。でも、ネコ先輩には関係なさそうだなぁ。

確かに（笑）。オレたちスコティッシュフォールドは、温和でおっとり、のんびり人懐っこい性格のネコが多い。だから調べたらおもしろそう（笑）。

どうやって調べたの？

ネコの「オキシトシン」という遺伝子を調べたんだ。すると、3つの「SNPs」（一塩基多型：塩基が1つ突然変異を起こして違う塩基に変わること）が見つかったんだ。この3つのSNPsと、ネコの性格に関するアンケートの結果を比較検討し、統計解析を行って関連があるかを検証したんだ。

その結果、ネコの性格を形成している「開放的」「友好的」「荒っぽい」「神経質」という4つの側面のうち、3つのSNPsのうちの1つが「荒っぽい」という側面に特に影響している可能性があることが分かったんだ。

なるほど〜。荒っぽいところがあるネコだって先に分かっていると、対策もたてられそうだね。ボクとしては、友好的と関連があるものが見つかるといいな〜。

そうだな。ネコ同士はもちろん、ヒトのベストパートナーになるにも、「温和」「攻撃性が低い」「友好的」「おとなしい」など、一緒にいて安心できる性格が求められるからな〜。

それ、全部ネコ先輩に当てはまるね。

ははは。
じゃあ、次からは、「相関」や「検定」などの統計学について勉強していこう。

第 5 章 ネコの性格を調べてみよう ～独立性の検定

　2014年末ごろから、ネコに関する関心が高まり「ネコブーム」ともいわれています。テレビやネットなどで、ネコの行動や気持ちなどを解説したものも多くみられるようになってきました。科学的根拠が見つからないトリビア的なものもありますが、科学的検証に基づく最新知見がどんどん発表されています。従来の行動観察はもちろん、今回紹介した分子遺伝学的な最先端研究も多く進められています。

　このような調査・実験結果を考察するにも、統計解析が欠かせません。この章では、アンケート解析などでも活躍している「相関」や「検定」について勉強しましょう。

Column　代表的なネコに関する遺伝子

　本文でも触れたネコの遺伝子。よく知られているのは毛色の遺伝子です。また、被毛の形状、尻尾や耳、脚の長さなど形態に関するものもいくつか見つかっています。ですが、すべてを説明するのは大変です。「表5.1　ネコの外観にかかわる主な遺伝子記号一覧」を参考にしていただければと思いますが、代表的な遺伝子記号を遺伝の法則に沿っていくつか紹介します。

　まず「優劣の法則」が一番分かりやすい基本。ある対立形質――例えば、ネコの場合、「毛が短い⇔毛が長い」という対立する形質があります。このそれぞれの対立形質について同じ遺伝子を2つ持つ純系同士を交配すると、その子孫（雑種第一代；F1ともいう）ではどちらか一方の形質のみが現れます。ネコの毛の長さの場合、短毛LL×長毛ll→短毛Ll（長毛遺伝子は隠れている）という風に。ネコの短毛のように表に現れる形質を優性、長毛のように隠れる形質を劣性といいます。

　ネコ先輩が本文で紹介してくれたように、ネコではこのような遺伝子記号があります。

- 短毛（優性；L）と長毛（劣性；l）
- マッカレルタビー（優性；T）とクラッシックタビー（劣性；T^b）（アビシニアンによくみられるティックド・タビー T^a は、T および T^b に対して優性）
- 濃い色（優性；D）とダイリュート（色素希釈）（劣性；d）
- 長尾（優性；T）とボブテイル（劣性；t）

5.1 性格を調べてみよう 〜性格は遺伝子で決まる？

また、次の３つはどれも優性です。

- スコティッシュフォールドに特有の折れ耳（Fd）
- アメリカンカールに特有の反り耳（Cu）
- マンチカンに特有の短脚（Dw）

　ちなみに、白ネコ（色素をもたないアルビノとは違って、目に色素があるもの）は「優性白色遺伝子W」をもっています。この遺伝子は、他のすべての毛色の遺伝子（非優性白色遺伝子w）に対して「上位」。W遺伝子が１つあればすべて白ネコになるのです。最強のカラー遺伝子といえるでしょう。

　これらはみな、常染色体（性染色体以外の染色体）上にある遺伝子。ですが、性染色体上に遺伝子がある場合は、雌雄の性によって現れ方が違う「伴性遺伝」をします。「三毛ネコやサビネコのような黒系と赤系の２色が混在する毛色はメスだけ」ということをご存知の方もいらっしゃるでしょう（まれにオスが産まれることはありますが、その個体のほとんどは妊性（生殖能力）がありません）。

　毛色が赤系になる遺伝子は「オレンジ遺伝子O」といいます。一方、「非オレンジ遺伝子o」は黒系になります。両遺伝子間で優劣はありません。ヒトやネコなど哺乳類の性染色体はオスがXY、メスがXXです。オレンジ遺伝子Oと非オレンジ遺伝子oは、性染色体の中でもX染色体上にしかありません。

　ですから、Xを１つしかもっていないオスでは、赤系（O）か黒系（o）のどちらか１つしか現れません。一方、Xを２つもっているメスは、一方にオレンジ遺伝子O、もう一方に非オレンジ遺伝子oがある場合に三毛やサビになるのです（三毛は常染色体上に白斑遺伝子Sをもっている場合）。

　ネコの遺伝はとても興味深いです。ネコの遺伝だけで１冊の本が書けるほど、たくさんの知見が得られています。統計学と同じく、遺伝学も難しくて敬遠されがちな分野。ですが、身近なネコで考えてみると理解しやすくておもしろいものです。今回のネコちゃんファミリーのように、会ったことのないお父さんネコの特徴を推測することができます。産まれてくる子どもがどんな毛色でどんな形態をしているか予想することもできるのです。

137

表5.1 ネコの外観にかかわる主な遺伝子記号一覧

毛色の遺伝子					
毛色の項目	遺伝子名	特徴	遺伝子記号（優性）	遺伝子記号（劣性）
1本の毛の色	アグーティ	1本の毛に色の帯がある	A	
	ノンアグーティ（非アグーティ）	1色の毛		a
縞模様	ティックド・タビー（アビシニア斑）	アビシニアンのように一見縞模様には見えないが、全身1本1本の毛に色の帯がある	T^a	
	ストライプド・タビー	サバの斑のような縞模様（マッカレル・タビーともいう）	T	
	ブロッチド・タビー	渦を巻いたような不規則で太い縞模様（クラシック・タビーともいう）		t^b
黒系の色	黒着色	ブラック（黒）	B	
	ブラウン	ブラウン（チョコレート色）		b
	ライトブラウン	ライトブラウン（シナモン色）		b^1
赤系の色	オレンジ	オレンジ（性染色体上；ネコの場合はX染色体上に存在し、伴性遺伝して赤系の色を発現する）	O	
	非オレンジ	非オレンジ（伴性遺伝して黒系の色になる。赤系は発現しない）		o
白系の色	優性白色	この遺伝子が1つでもあれば白ネコになる。最強のカラー遺伝子	W	
	ノーマルカラー（非優性白色）	ノーマルカラー。他のカラー遺伝子で決定された色がそのまま発現する		w
白斑	白斑	不完全優性して白斑をつくる	S	
	非白斑	この遺伝子が2つ揃うと白斑をつくらない		s
ポイントカラー	フルカラー（非カラーポイント）	身体全体に色が付く。毛色をつくる酵素を機能させる	C	
	バーミーズ	フルカラーに較べてわずかに手足や耳、尻尾の先端などの色が濃くなる。フルカラーとカラーポイントの中間的な色合い		c^b
	サイアミーズ（カラーポイント）	シャムのように手足や耳、尻尾の先端など体温の低いところが他の部分より色が濃くなるポイントカラー		c^s

5.1 性格を調べてみよう 〜性格は遺伝子で決まる？

毛色の遺伝子				
毛色の項目	遺伝子名	特徴	遺伝子記号（優性）	遺伝子記号（劣性）
色の濃さ	デンス（濃色）	希釈されない濃い色	D	
	ダイリュート（色素希釈）	色素希釈。ブルーやクリームなどの淡い色にする		d
色素抑制	色素抑制（メラニン・インヒビター）	毛の根元の色を薄くする。この遺伝子が1つでもあれば、シルバーやスモーク（毛の根元が白く、先端に色が付く）になる	I	
	非色素抑制	毛の根元の色が薄くならない		i
毛質の遺伝子				
毛の長さ	短毛	この遺伝子が1つでもあれば短毛になる	L	
	長毛	この遺伝子が2つあると長毛になる		l
耳、尾、脚などの形態の遺伝子				
耳	折れ耳（フォールド）	耳が前にぺたっと折れ曲がる	Fd	
	反り耳（カール）	耳が後ろにくるんとそり返る	Cu	
尾	長尾	この遺伝子が1つでもあると尾が長くなる	T	
	短尾（ボブテイル）	この遺伝子が2つ揃うと尾が短くなる		t
	無尾（マンクス）	この遺伝子が2つ揃うと仔ネコが死ぬ致死遺伝子。この遺伝子が1つあると無尾（もしくは短尾）になる	M	
	長尾（非マンクス）	この遺伝子が2つ揃うと長尾になる。ボブテイルのt遺伝子とは異なる遺伝子		m
脚	短脚（マンチカン）	脚（四肢）を短くする	Dw	

出典：黒瀬奈緒子（2016）『ネコがこんなにかわいくなった理由 No.1ペットの進化の謎を解く』PHP研究所

Column ネコの毛色と疾患

ネコ先輩が紹介してくれたとおり、白ネコには難聴の個体が多いです。なぜでしょうか？

すべてのカラー遺伝子より上位である優性白色遺伝子Wは色素を作る細胞「メラノサイト」の働きを抑制します。そのため、被毛の色が白くなります。また、このメラノサイトは瞳孔の色にも影響。瞳孔の色素も薄くなり目が青く見えることに。これは、レイリー散乱という原理によって、空が青く見えるのと同じ原理です。

139

さらに、優性白色遺伝子 W は、内耳に存在する「コルチ器」という音を増幅する器官の形成にも影響を与えます。そうして、聴覚障害を引き起こします。

　ただし、すべての白ネコが難聴ではありません。白ネコが難聴になる確率は、本文にもあるとおり、「両方とも青い眼だと 50 ～ 80％」「片方だけ青い眼では 20 ～ 40％」「両方とも青以外の目の場合は 20％程度」です。

　ちなみに、ネコちゃんのような有色の部分と白い部分がある（アンドホワイト）ネコは、優性白色遺伝子 W とは異なる「白斑遺伝子 S」をもっています。この遺伝子は、遺伝子間の優劣関係が明瞭でなく不完全な状態である「不完全優性」で白斑をつくります。SS は白斑が多く、Ss は白斑が少ないともいわれていますが、不完全優性なので厳密にはいえないようです。

　対して、劣性の「非白斑遺伝子 s」は、2 つ揃うと白斑ができません。白斑がないブルータビーのネコ先輩がそうです。ネコ先輩の父ネコは白い部分がありますが、母ネコはネコ先輩と同じ白斑がないブラウンタビーでした。したがって、父ネコの遺伝子型は Ss と推察できます。

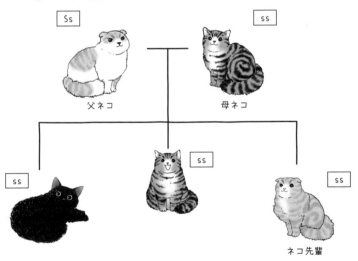

図 5.1　ネコ先輩ファミリーにおける白斑遺伝子の遺伝子型と表現型

　さらに、毛色と疾患が関連しているものとしてシャムネコなどにみられる「ポインテッドカラー」と「斜視」が知られています。ヒトの斜視は、眼球がいろんな方向に向いている症例が知られています。他方、ネコの場合は内側に向いている内斜視いわゆる「寄り目」が多いようです。

鼻や耳、四肢の先、尾などの末端部だけが濃くなるポインテッドカラーは「サイアミーズ遺伝子 c^s」によるものです。興味深いことに、このポインテッドカラーは温度(体温)によって変わります。暖かい環境ではポイントの色が薄くなり、寒いと全体的に濃くなります。

サイアミーズ遺伝子 c^s と対立している遺伝子は「フルカラー遺伝子 C(優性)」です。フルカラー遺伝子 C は、メラニンの合成反応をつかさどる「チロシナーゼ」という酵素を機能させます。この遺伝子に変異が起きたものが4タイプあり(いずれも劣性)、その1つがサイアミーズ遺伝子 c^s なのです(他3つはアルビノ c、青目アルビノ c^a、バーミーズ c^b)。

サイアミーズ遺伝子 c^s は、温度の高い部分(約38℃以上)に限り、チロシナーゼの働きを抑制します。そのため、サイアミーズ遺伝子 c^s を2つもつ場合、体温の高い胴体部分は色素形成が抑制され、体温の低い末端部には色素が形成されることで色が濃くなります。

さらにこの遺伝子は目にも影響しています。より温かい頭蓋内にある目では色素形成が抑制されるので、白ネコと同じように青い目になるのです。

ところでメラニン色素は、網膜の細胞から視神経の経路を決定していくのに影響すると考えられています。そのため、発育の過程で色素形成を抑制するサイアミーズ遺伝子 c^s が網膜に働くと、通常は起こらないような網膜の外側からの情報の伝達が起こることがあります。その結果、正常とは異なる視神経の経路ができてしまうことがあるのです。この視神経の経路が原因で、内斜視になるといわれています。

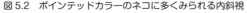

図5.2 ポインテッドカラーのネコに多くみられる内斜視

ネコの祖先のリビアヤマネコは、ブラウンマッカレルタビーです。この野生型（野生の集団で最も多くみられる型）がベースで、優性白色遺伝子 W や白斑遺伝子 S、サイアミーズ遺伝子 c^S は、突然変異で現れたものです。自然界に白い個体がいないことについて、「白いと目立って天敵に襲われるから」という説があります。しかし、少なくともネコに関しては、生態系の上位に位置する食肉目のネコを捕食する天敵といえるほどの相手はいません。もちろん、より大型の食肉目から圧力を受けたり、追い払われたりすることはあるでしょう。また、幼獣時に襲われることもありえます。ですがそれよりは、遺伝性の疾患が現れる可能性が高く、厳しい自然環境の中では「自然淘汰（環境により適応したものが生存して子孫を残し、そうでないものは滅びること）」されやすいためではないか、と私は考えています。

にもかかわらず、そのような白い個体がネコで多くみられるのは、白ネコが美しく、特に左右の瞳の色が異なる「オッドアイ（虹彩異色症）」は、幸運を招くとしてヒトに珍重されていることも関係しているでしょう。

ネコを人為的に繁殖させることには賛否があります。多くのネコが毎年殺処分されている現状では「殺処分されるネコを救うためにも繁殖をやめるべき」という声には納得できます。特に純血種に多い遺伝性疾患は、排除すべき課題です。

一方で、ヒトとともに暮らす伴侶動物としてのニーズもネコには期待されています。イヌに比べて散歩の必要もなく、ネコは木などに登れるように空間を三次元に使えるため、完全室内飼育が可能です。ゆえに、飼育コストがネコは低くなります。そう考えると、全人類はもちろん高齢化社会において、特に年配の方のベストパートナーになりえます。

ヒトとともに暮らす際、温和な性格は大変好まれます。遺伝性疾患の発現を可能な限り抑えるよう配慮しつつ、穏やかな性格のネコを選択的に維持。そうして、次第に温和なネコの比率が高くなれば、ネコは愛玩動物から「セラピーアニマル」に昇格するのではと考えずにいられません。「ネコは役に立たない」「ネコはイヌより馬鹿だ」とイヌ好きな人にいわれることがあります。そのようなとき、ネコが社会にとってより必要な動物になれる可能性を秘めていることを、なんとかして証明したい気持ちに駆られてしまうのです。

Column 性格に関係する遺伝子

毛色や形態が遺伝子によって決まることには納得しても、遺伝子が性格を決めるというと疑わしく思う人もいるかもしれません。性格や行動などは、後天的に環境などによって形成されることもあります。ですが、先天的、つまりうまれ持った遺伝子が性格に関係していることを実証する事例も報告され始めています。

分子遺伝学的な研究は、ヒトにおいて最先端で行われています。性格に関係する遺伝子も、やはり最初にヒトで見つかりました。1996 年、ドーパミンレセプター DR の 1 つである D4 レセプター D4DR の遺伝子のタイプと、新奇性（目新しい、物珍しいさま）を追求する性格との間に関連があることが報告されました。この傾向は、原猿類（スローロリスなど）や真猿類（一般サル類および類人猿）などでも確認されています。

また、アンドロゲン受容体の遺伝子をイヌで調べたところ、攻撃性にかかわっていることが分かりました。この遺伝子は、イヌの祖先のオオカミで多く、イヌでは少ないことが報告されています。家畜化の過程は、攻撃性の少ない個体同士を交配してヒトに従順で扱いやすい家畜へと変えていくものでした。よって家畜化の過程で、攻撃性にかかわる遺伝子も同時に少なくなっていったと考えられます。

第5章　ネコの性格を調べてみよう〜独立性の検定

　他にも、徐々に報告例は増えています。本書で紹介しているネコのオキシトシン受容体の遺伝子と荒っぽさ。ウマのセロトニン受容体の遺伝子と従順さなどです。ヒトとかかわる動物の場合、攻撃性や従順さなどは重視される性格要因です。今後もますます性格遺伝子の研究は進むと期待されます。

Column　DNA 多型

　DNA（デオキシリボ核酸）は、すべての生物が遺伝情報の設計図として持っているものです。A（アデニン）、G（グアニン）、C（シトシン）、T（チミン）という4種類の「塩基」と糖、リン酸で構成されています。この塩基の配列（並び方）は生物によって違います。また、有性生殖をする生物全般において、DNAはまったく同じ配列ではありません。親子は、似てはいても違う部分があるのと同じです。このように、生物の種類や個体の間でDNAは多様性があります。これを「DNA多型」とよびます。

　私の専門の1つが分子系統学。分子系統学では対象生物の塩基配列を調べて比較します。比較して見つけた違う部分＝「塩基置換（ある塩基が別の種類の塩基に置換される変異）」をもとに分子系統樹を作成するのです。塩基置換の数が多いほど遺伝的に異なっており、少ないほど近縁であると判断できます。なお、種間だけでなく、種内でも多型はみられます。

また、ニュースなどでも近年よく耳にするようになった「DNA 鑑定」。犯罪捜査などでも活躍している DNA 鑑定では、数塩基を単位とする配列が反復する「マイクロサテライト（縦列型反復配列（short tandem repeat; STR）、あるいは単純反復配列（simple sequence repeat; SSR））」が使われています。

CA という 2 つの塩基を単位とする配列からなるマイクロサテライトを例に考えてみましょう。ヒトなどの哺乳類は、父親と母親から半分ずつ遺伝情報を受け継ぐ有性生殖を行います。とあるマイクロサテライトでは、父親が CA を 5 回繰り返す配列をもっており、母親は CA を 7 回繰り返す配列をもっていたとしたら、子どもは両親からそれぞれ受け継ぎます。つまり、CA を 5 回繰り返す配列と、CA を 7 回繰り返す配列をもつことになるのです。したがって、このようなマイクロサテライトを複数調べれば、親子でも兄弟でも一致する確率は限りなく低く、個人識別が可能です。

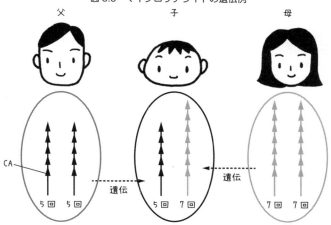

図 5.3　マイクロサテライトの遺伝例

そして本書で登場する SNPs（一塩基多型）も近年注目されています。SNPs は、疾患へのかかりやすさや、薬への応答性に関係していることが解明され始めました。特に、医学分野での発展が期待されています。

このような DNA 配列の違いを発見し、有効利用している研究者が所属する学会もあります。私も学会員である「日本 DNA 多型学会」（http://dnapol.org/）は、法医学、人類学、動物、植物、水産など、さまざまな分野・生物を対象とする研究者が、いろんなタイプの DNA 多型について研究・報告しているユニークな学会です。年に 1 回開かれる学術集会では、学会員以外でも参加できる公開シンポジウムも開催されています。さまざまな DNA 多型に関する研究が発表されているので、興味がある方はぜひご参加ください。

5.2 関連ある？ない？ ～数量データ同士・単相関係数

5.2 関連ある？ない？ 〜数量データ同士・単相関係数

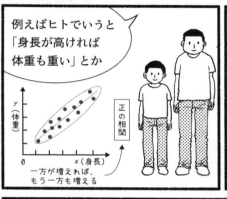

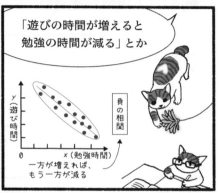

147

第5章 ネコの性格を調べてみよう 〜独立性の検定

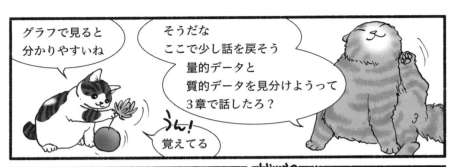

5.2 関連ある？ない？ ～数量データ同士・単相関係数

単相関係数 r を求める計算式は、

$$r = \frac{x と y の偏差積和}{\sqrt{(x の偏差平方和 \times y の偏差平方和)}} = \frac{S_{xy}}{\sqrt{(S_{xx} \times S_{yy})}}$$

えっと……。偏差に平方和は分かるけど、x と y の偏差積和……。うーん……。

偏差平方和は標準偏差のところで出てきた。偏差を二乗したものを足し合わせたものだったよな。x と y の偏差積和は、x の偏差と y の偏差を掛けたものを足し合わせたものだ。

実際に計算してみるのが一番。ネコの頭胴長と体重の関係を例に計算してみよう。

表5.2 ネコの頭胴長と体重の関係

	x 頭胴長（cm）	y 体重（kg）
A にゃん	62	4.5
B にゃん	58	3.8
C にゃん	65	5.4
D にゃん	68	6.0
E にゃん	63	4.7
合計	316	24.4
平均	63.2	4.9

まず、基準化のときみたいに平均を中心にするんだ。つまり、各データと平均のずれ＝偏差を求める。これが③と④（偏差）だ。

つぎに、得られた偏差の平方を求めて足し合わせる。⑤の合計＝S_{xx}、⑥の合計＝S_{yy} になるんだ（偏差平方和）。

最後に、偏差積を求めて足し合わせる。⑦の合計＝S_{xy} になる（偏差積和）。

149

表5.3 それぞれのネコにおける頭胴長・体重の偏差、偏差平方和、偏差積和

	① x 頭胴長 (cm)	② y 体重 (kg)	③ $x - \bar{x}$ 頭胴長の 偏差	④ $y - \bar{y}$ 体重の 偏差	⑤ $(x - \bar{x})^2$ 頭胴長の 偏差平方	⑥ $(y - \bar{y})^2$ 体重の偏差 平方	⑦ $(x - \bar{x}) \times (y - \bar{y})$ 頭胴長と体重の 偏差積
Aにゃん	62	4.5	62−63.2= −1.2	4.5−4.9= −0.4	1.44	0.16	0.48
Bにゃん	58	3.8	58−63.2= −5.2	3.8−4.9= −1.1	27.04	1.21	5.72
Cにゃん	65	5.4	65−63.2= 1.8	5.4−4.9= 0.5	3.24	0.25	0.90
Dにゃん	68	6.0	68−63.2= 4.8	6.0−4.9= 1.1	23.04	1.21	5.28
Eにゃん	63	4.7	63−63.2= −0.2	4.7−4.9= −0.2	0.04	0.04	0.04
合計	316	24.4	0	0	54.8	2.87	12.42
平均	63.2	4.9			↑xの偏差 平方和	↑yの偏差 平方和	↑xとyの 偏差積和

おおー！

じゃあ、単相関係数を求めよう。

$$r = \frac{x と y の偏差積和}{\sqrt{(x の偏差平方和 \times y の偏差平方和)}} = \frac{S_{xy}}{\sqrt{(S_{xx} \times S_{yy})}}$$

$= 12.42 \div (\sqrt{(54.8 \times 2.87)}) = 12.42 \div 12.54097 = 0.9903540156 \cdots \fallingdotseq 0.990354$

計算できた！
……で、0.990354 って数値はどう評価すればいいの？

一般に、単相関係数が 0.9 以上、あるいは -0.9 以下であれば「非常に強い相関あり」とみなせるぞ。
まぁ、この評価は扱っている対象や研究分野の慣例もあるようだから、総合的に判断することになるな。
一応目安はこんな感じ。

表5.4 一般的な単相関係数の評価の目安

単相関係数	評価
0.9 ～ 1.0	非常に強い正の相関あり
0.7 ～ 0.9	やや強い正の相関あり
0.5 ～ 0.7	やや弱い正の相関あり
-0.5 ～ 0.5	非常に弱い～ほとんど相関なし
-0.7 ～ -0.5	やや弱い負の相関あり
-0.9 ～ -0.7	やや強い負の相関あり
-1.0 ～ -0.9	非常に強い負の相関あり

なるほど〜。じゃあ、今回の計算から求められた 0.990354 は、「非常に強い正の相関あり」なんだ！

そう、ネコの頭胴長と体重の間には非常に強い正の相関があるってことだな。つぎは「相関比」に進むぞ。

は〜い。相関比も分かりやすいといいなぁ。

単相関係数は、量的データと量的データの間に直線的な関連があるかどうかを明らかにする指標です。そのため、直線ではないけれど明確に関連があるような分布（曲線など）は評価できません。また、相関係数と散布図における直線の傾きは無関係です。

そして、データの数が少ないと意味をなさない場合もあります。データが2つしかない場合には、2点の間に直線が引けてしまうからです。外れ値がある場合にも影響を受けます。そのため、相関係数は散布図とあわせて総合的に評価しましょう。

さらに、散布図を描くと、直線になって相関関係が一見あるように見えるけれど、実は「因果関係」がない場合もあります。因果関係とは「2つ以上のものの間に原因と結果の関係がある」といい切れる関係のことです。原因があるから結果があります。つまり、原因がないと結果が起こらない一方通行の関連です。対して、相関関係は「一方の値が変化すればもう一方の値も変化する」という2つの値の関連性を意味しています。双方が連動しているのです。相関関係の中に因果関係も含まれますが、相関関係＝因果関係ではないので気を付ける必要があるのです。

見分けるポイントは、まずデータのもとであるサンプルに、どんな背景があるかを考えましょう。そして、相関関係にある2変数以外の要素が関係してないかも加味し、周辺のデータも合わせて確認しましょう。

5.3 量的データと質的データ 〜相関比

次は量的データと質的データの関係を評価してみよう

この間ネコちゃんにも答えてもらったアンケートのデータを使って説明するぞ

🐱 ねこねこアンケート 🐱

Q1. 性別は？
　1. オス　2. メス　3. 去勢オス　4. 避妊メス

Q2. 利き手はどっち？
　1. 右　2. 左

Q3. 好きな味はどれ？
　1. もちろんチキン!!　2. お魚 Love!!
　3. 高級ビーフ

Q4. あなたの毛色は？
　1. 黒　2. 白　3. 茶　4. 三毛　5. その他（　　）
　ブラウンマッカレルタビーアンドホワイト（キジ白）

Q5. 自分はどんな性格だと思いますか？
　1. やんちゃ　2. おっとり　3. ツンデレ
　4. 甘えん坊　5. 神経質　6. 怒りっぽい

Q6. 何歳ですか？　　0.3　歳

Q7. 体重は何kgですか？　　1.1　kg

Q8. 1日何時間くらい寝ますか？　　20　時間

実はにゃおさんが調査のために都内のいくつかの猫カフェに協力してもらってデータを集めたんだ

へ〜おもしろそう！

Q6が量的データ
Q3が質的データ
年齢によって味の好みが異なるか調べてみよう

		Q6 何歳？	Q3 好きな味は？
A		3	チキン
B		6	フィッシュ
C		2	チキン
D		7	フィッシュ
E		1	チキン
F		4	ビーフ
G		2	チキン
H		4	ビーフ
I		1	チキン
J		6	フィッシュ
K		5	フィッシュ
L		3	チキン

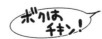

ボクはチキン！

5.3 量的データと質的データ 〜相関比

なんだか
それぞれ関連が
ありそうだよ

そう。まず年齢の幅を見ると
チキンは1〜3歳
フィッシュは5〜7歳
ビーフは4歳で重複なし
ただし、グループ内の
年齢のバラツキはチキンと
フィッシュで多少ある

確かに

よし
グラフでもなんとなく
見えてきたから次は
計算してみよう！

はーい

153

第 5 章　ネコの性格を調べてみよう　〜独立性の検定

図 5.4　味の好みと年齢

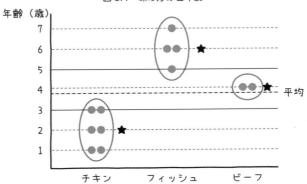

 ★マークは各グループの平均だ。黒い破線は全体平均。だけど、結構バラついているよな。

そうだね。

量的データと質的データの関連は、相関比を求めることで調べられる。
相関比を求める計算式は、

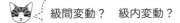

$$\frac{級間変動}{(級内変動 + 級間変動)}$$

となるんだ。

級間変動？　級内変動？

級間変動は、各グループの平均と全体平均との差から求められるグループ間のバラツキのことだ。★マークと全体平均（黒い破線）の位置関係に着目するとイメージしやすい。

級内変動は、グループ内のバラツキのこと。3 グループの偏差平方和を合計したものだ。
具体的に計算した方が分かりやすい。

まず、それぞれのグループの偏差平方和を求めよう。

表5.5 味の好みの偏差平方和

チキン (年齢 - 年齢の平均)²	フィッシュ (年齢 - 年齢の平均)²	ビーフ (年齢 - 年齢の平均)²
$(3-2)^2 = (1)^2 = 1$	$(6-6)^2 = (0)^2 = 0$	$(4-4)^2 = (0)^2 = 0$
$(2-2)^2 = (0)^2 = 0$	$(7-6)^2 = (1)^2 = 1$	$(4-4)^2 = (0)^2 = 0$
$(1-2)^2 = (-1)^2 = 1$	$(6-6)^2 = (0)^2 = 0$	—
$(2-2)^2 = (0)^2 = 0$	$(5-6)^2 = (-1)^2 = 1$	—
$(1-2)^2 = (-1)^2 = 1$	—	—
$(3-2)^2 = (1)^2 = 1$	—	—
4	2	0

級内変動 = 3つのグループの偏差平方和 = 4 + 2 + 0 = 6

次に級間変動。これは3つのグループにおいて

(各グループのデータの個数) × (各グループの平均 - 全体の平均)²

を求めて足し合わせるんだ。

$6 \times (2-3.7)^2 + 4 \times (6-3.7)^2 + 2 \times (4-3.7)^2 = 6 \times 2.89 + 4 \times 5.29 + 2 \times 0.09$
$= 17.34 + 21.16 + 0.18 = 38.68$

これで相関比を求められる。

$$\frac{級間変動}{(級内変動 + 級間変動)} = 38.68 \div (6 + 38.68) = 0.8657117\cdots \fallingdotseq 0.8657$$

出た〜！ これは1に近ければ強く相関しているっていえるの？

そのとおり。一応の評価の目安としてはこんな感じ。

表5.6 一般的な相関比の評価の目安

相関比	評価
0.8 〜 1.0	非常に強く関連している
0.5 〜 0.8	やや強く関連している
0.25 〜 0.5	やや弱く関連している
0.25 未満	非常に弱く関連している

じゃあ、年齢と好きな味は非常に強く関連しているといえるんだね！
チキンは若者に人気！ シニアに近付くとフィッシュ好きになる？？？
高齢18歳のネコ先輩は？

オレはチキンもフィッシュも好きだな。特に、マグロのお刺身とボイルしたささ身がいい（笑）。

 それはみんな好きだよ～。

　量的データと質的データの関係を評価する場合は相関比を使います。相関比は、0から1までの値を取ります。1に近付くほど2つの変数が強く関連していると評価でき、0に近付くほど関連が弱くなります。単相関係数とは値の範囲が違うので注意しましょう。

　ちなみに今回のアンケート結果では、計算上「年齢と好きな味は非常に強く関連している」と評価できました。けれど第3章で説明したように、データ数が少ないと偏った値になる可能性があります。今回もデータ数が少ないので、偶然かもしれません。100頭くらいデータが集まれば、信頼性が高く興味深い評価が得られそうです。

5.3 量的データと質的データ 〜相関比

5.4 質的データ同士・連関係数（独立系数）

※「独立系数」とも呼ばれる

5.4　質的データ同士・連関係数（独立係数）

クラメールの連関係数は、

$$\sqrt{\frac{\chi_0^2}{\text{全データの個数} \times (\min\{\text{クロス集計表の行数} , \text{クロス集計表の列数}\}-1)}}$$

で求められる。

「χ^2」は「ピアソンのカイ二乗統計量」といって、

$$\frac{(\text{実測度数} - \text{期待度数})^2}{\text{期待度数}}$$

の総和だ。

うわ～。ややこしい～!!

大丈夫。順を追って計算していこう。

まず、最初に出した表の値が「実測度数」。

とあるSNPs	神経質	やんちゃ	甘えん坊	計
あり	15	35	26	76
なし	26	23	25	74
計	41	58	51	150

つぎに「期待度数」をそれぞれ計算する。

計算方法は、例えば「SNPsあり」「神経質」の値だと

$$\frac{\text{「SNPsあり」の計} \times \text{「神経質」の計}}{\text{全データの個数}}$$

で求められる。

とあるSNPs	神経質	やんちゃ	甘えん坊	計
あり	$\frac{76 \times 41}{150}=20.77$ …①	$\frac{76 \times 58}{150}=29.39$ …②	$\frac{76 \times 51}{150}=25.84$ …③	76
なし	$\frac{74 \times 41}{150}=20.23$ …④	$\frac{74 \times 58}{150}=28.61$ …⑤	$\frac{74 \times 51}{150}=25.16$ …⑥	74
計	41	58	51	150

159

第 5 章 ネコの性格を調べてみよう 〜独立性の検定

式が煩雑になるから期待度数の値にそれぞれ番号を付けてみた。
これで準備ができたから、

$$\frac{(\text{実測度数} - \text{期待度数})^2}{\text{期待度数}}$$

を求めよう。
これによって、「実測度数」と「期待度数」のズレの大きさを知ることができる。

ややこしくなるから、まず番号を使った式にしてみる。

とある SNPs	神経質	やんちゃ	甘えん坊
あり	$\frac{(15-①)^2}{①}$	$\frac{(35-②)^2}{②}$	$\frac{(26-③)^2}{③}$
なし	$\frac{(26-④)^2}{④}$	$\frac{(23-⑤)^2}{⑤}$	$\frac{(25-⑥)^2}{⑥}$

うん。分かりやすいね。

これを実際に計算したのがこれ。

とある SNPs	神経質	やんちゃ	甘えん坊
あり	$\frac{33.2929}{20.77}=1.602932$ …≒ 1.603	$\frac{31.4721}{29.39}=1.070843$ …≒ 1.071	$\frac{0.0256}{25.84}=0.000990$ …≒ 0.001
なし	$\frac{33.2929}{20.23}=1.645719$ …≒ 1.646	$\frac{31.4721}{28.61}=1.100038$ …≒ 1.100	$\frac{0.0256}{25.16}=0.001017$ …≒ 0.001

うお!? 細かい数字になった〜。でもなんとか理解できる。

よかった。上の表のグレーの部分の値を足し合わせたものが χ_0^2 だ。
求めてみよう。

$$1.603+1.646+1.071+1.100+0.001+0.001=5.422$$

なるほど。
$\chi_0^2=5.422$
だね。

うん。そしたら、いよいよクラメールの連関係数の値を求める式を計算しよう。

160

$$\sqrt{\frac{\chi_0^2}{\text{全データの個数} \times (\min\{\text{クロス集計表の行数}, \text{クロス集計表の列数}\}-1)}}$$

 ちなみに「min{クロス集計表の行数 , クロス集計表の列数}」は、クロス集計表の行の数と列の数で小さい方の数を表すんだ。
今回は行が 2、列が 3 になる。よって、小さい方は 2 だ。

$$\sqrt{\frac{5.422}{150 \times (\min\{2,3\}-1)}} = \sqrt{\frac{5.422}{150 \times (2-1)}} = \sqrt{\frac{5.422}{150}} = 0.1901227673548 51 \fallingdotseq 0.1901$$

> やった！ クラメールの連関係数の値は 0.1901 だ！
> これも 1 に近くなるほど関連が強くなるの？

 そうだ。一応の評価の目安としてはこんな感じ。相関比と同じだな。

表 5.7 一般的なクラメールの連関係数の評価の目安

クラメールの連関係数	評価
0.8 ~ 1.0	非常に強く関連している
0.5 ~ 0.8	やや強く関連している
0.25 ~ 0.5	やや弱く関連している
0.25 未満	非常に弱く関連している

> 0.1901 は 0.25 未満。今回は非常に弱く関連しているってことになるんだね。

 そうだな。まぁ、ざっくりいうと関連してないってことになる。だけど、これはあくまで例題だ。先に紹介した研究のように、性格と関連する遺伝子は今後もっと見つかってくると期待できるよ。

> そうだね。もっといろんな性格に関係する遺伝子が見つかるといいな〜。

　質的データ同士の関係を評価する場合は、クラメールの連関係数を使います。相関比と同様に 0 から 1 までの値を取るのがクラメールの連関係数。1 に近付くほど 2 つの変数が強く関連していると評価できます。逆に、0 に近付くほど関連は弱くなります。

　単相関係数、相関比、クラメールの連関係数、3 つすべてにいえることですが「値が○以上なら 2 変数は強く関連しているといえる」といった統計学的な基準はありません。本文で示した表はあくまで目安。注意しましょう。

5.5 さまざまな検定

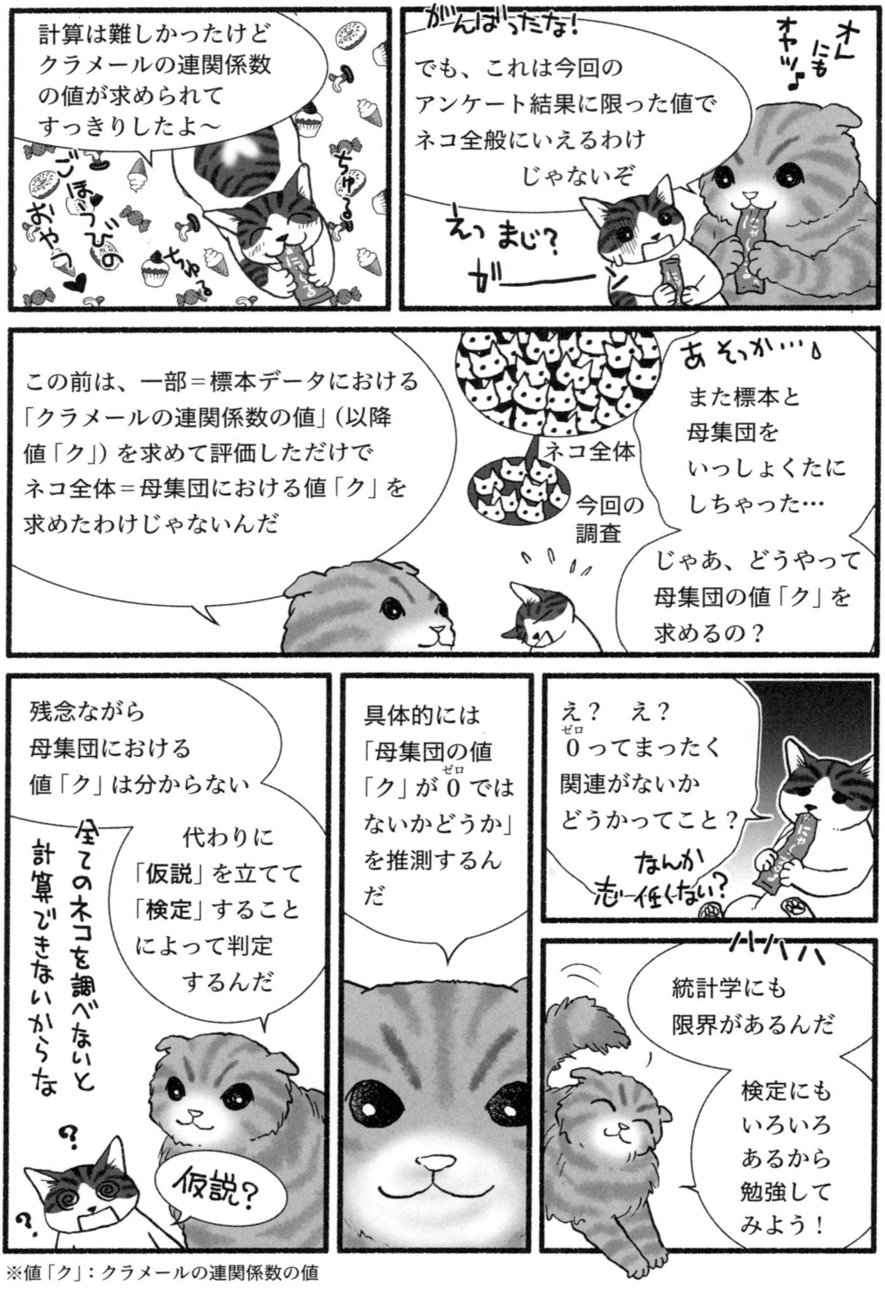

※値「ク」：クラメールの連関係数の値

5.5 さまざまな検定

😺 ざっくりいうと、仮説検定は、母集団について仮定された仮説を標本データに基づいて検証するってことだ。

😺 代表的な検定をいくつか紹介しよう。
まず「独立性の検定」。質的データ同士の関連を評価するクラメールの連関係数の値が 0 ではないかどうかの推測をする。「χ 二乗検定」ともいう。よく使われる検定だ。

これで母集団のクラメールの連関係数の値を検定するのか〜。

😺 そうそう。他にも、量的データと質的データの関連を評価する相関比の値が 0 ではないかどうかの推測をするのが、「相関比の検定」。
量的データ同士の関連を評価する単相関係数の値が 0 ではないかどうかの推測をするのが、「無相関の検定」。

そっか、この前勉強した 3 つの相関を評価できる検定があるんだね。

😺 うん。他にも、2 つの異なる母集団からそれぞれ抽出した標本データの平均が等しいといえるかどうかを調べる「母平均の差の検定」や、2 つの母集団の比率に差があるかを調べる「母比率の差の検定」があるぞ。これらは、どのようなデータかによって検定の仕方が違うから、ちょっと複雑になるけど、これらもよく使われる検定だ。

うーん、難しそう……。
検定って、どんな流れで判定するの？

😺 ざっくりいうと、まず仮説をたてる。「帰無仮説（H_0）」と「対立仮説（H_1）」をそれぞれ決めるんだ。

第5章 ネコの性格を調べてみよう 〜独立性の検定

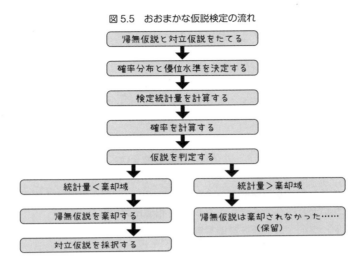

図5.5 おおまかな仮説検定の流れ

つぎに仮説を検定するために、「どのような確率分布を使うか」と「どの程度の確率で判断するのか」の基準、この場合は「有意水準」を決めるんだ。

準備ができたら、帰無仮説のもとで検定の基準として採用される統計量である「検定統計量」を計算する。

そして、帰無仮説のもとでの検定統計量が観測される確率を計算するんだ。

得られた結果から仮説の判定をする。確率が基準より小さければ、帰無仮説を「棄却（仮説を捨てて、以降取り上げないこと）」できる。そうして、対立仮説の方が正しそうって判断できる。

対して、確率が基準より大きい場合は証拠不十分により棄却できなかった（＝どちらが正しいかは分からない）と考えるんだ。

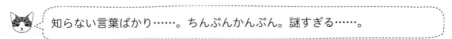
知らない言葉ばかり……。ちんぷんかんぷん。謎すぎる……。

詳しくはあとで具体例を考えながら説明するよ。今は、ざっくりと流れを頭に入れておこう。

5.5 さまざまな検定

　仮説検定は、統計学でよく使われる手法です。ところが帰無仮説は、最初に仮説を設定し、仮説が正しいとした条件で考えて矛盾が起こった場合に仮説が間違っていると判断する「背理法」のため、理解しにくいようです。「最初から証明したい仮説を検証すればいいのに」と思ってしまいがちですが、証明したい仮説をたてることがとても難しいのです。

　クラメールの連関係数の値を求めたときのことを思い出してください。2変数間の関連を評価する場合、「0.8 ～ 1.0 の間であれば非常に強く関連している」「0.25 未満であれば、非常に弱く関連している（関係がない）」などと評価しました。でも、これは計算して値が得られたからできる判定です。しかしながら仮説をたてる段階は、まったく見当もつかない状態です。そのような状態で、「強く関連する」とか「弱く関連する」などと当てずっぽうに仮説をたてるのは難しいです。また、たくさんの仮説がたてられてしまう点も難点です。それでは検定が大変になってしまいます。そこで、唯一証明できる「関連がない」という仮説を否定することで判定するのです。

165

5.6 独立性の検定

ネコを飼育している人300人が
ネコとどんなふうに出会ったか

	拾った	里親募集	購入した	計
女性	67	41	45	153
男性	83	12	52	147
計	150	53	97	300

ネコを飼育している人全員における性別と出会い方のクラメールの連関係数の値は、0よりも大きいかどうか（関連しているか）をカイ二乗検定により推測する。有意水準は0.05とする。

5.6 独立性の検定

ネコを飼育している人 300 人がネコとどんなふうに出会ったか			
	拾った	里親として譲り受けた	ペットショップやブリーダーから購入した	計
女性	67	41	45	153
男性	83	12	52	147
計	150	53	97	300

 本当に分かりやすくお願い〜。

りょ〜かい〜。
さて、この間も説明したように独立性の検定はカイ二乗検定ともいう。

前に正規分布について勉強したよな。分布には他にもいくつかある。例えば、カイ二乗分布。平均 μ、分散 σ^2 の正規分布に従う母集団から標本データを抽出して、平均値からのズレの大きさを二乗する。その二乗した値をたくさん集めて分布を作ったときにできるのが「カイ二乗分布」なんだ。
そして、この分布は「自由度」によって変わる。

 自由度？

自由度は、データのバラツキに作用する要因の数のことだよ。
具体的には

　　自由度 =（クロス集計表の行数 -1）×（クロス集計表の列数 -1）

の式で求められる。

 うう。行と列、どっちがどっち？？？

はははは。行と列については、こんな覚え方があるようだぞ。

図 5.6　行と列の覚え方の例

「行」は横並び　　　「列」は縦並び

> 横と縦ね。えっと、今回の場合は横が「拾った」「里親として譲り受けた」「ペットショップやブリーダーから購入した」の3つ。縦が「女性」「男性」の2つだね。

> そう。だから、
>
> $$自由度 = (3-1) \times (2-1) = 2 \times 1 = 2$$
>
> だ。
> 一般的に、n 個の正規分布から分散を取り出して作った分布は自由度 n のカイ二乗分布になる。
> 自由度が1のときは0が最も大きい。数が大きくなるにつれてだんだん小さくなっていく。
> そして、自由度が大きくなるにつれて下のグラフみたいに山の部分が徐々に低くなりながら右にずれていくんだ。

図 5.7 カイ二乗分布

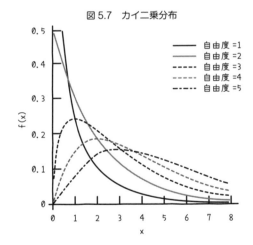

> 自由度によって分布が違うのか〜。ややこしいなぁ……。

> この辺は、もうそういうもんだって覚えてしまえばいい。
> で、つぎにカイ二乗値を求めてみよう。
>
> $$カイ二乗値 = \frac{(実測度数 - 期待度数)^2}{期待度数}$$
>
> の総和だ。

あ、クラメールの連関係数を計算したときに出てきた χ_0^2 だ。

そう、この前と同じように計算してみよう。
まず期待度数を計算すると

ネコを飼育している人 300 人がネコとどんなふうに出会ったか				
	拾った	里親として譲り受けた	ペットショップやブリーダーから購入した	計
女性	$\dfrac{153 \times 150}{300}$ =76.50 …①	$\dfrac{153 \times 53}{300}$ =27.03 …②	$\dfrac{153 \times 97}{300}$ =49.47 …③	153
男性	$\dfrac{147 \times 150}{300}$ =73.50 …④	$\dfrac{147 \times 53}{300}$ =25.97 …⑤	$\dfrac{147 \times 97}{300}$ =47.53 …⑥	147
計	150	53	97	300

分かりやすいように期待度数を番号に置き換えると、

$$\frac{(\text{実測度数} - \text{期待度数})^2}{\text{期待度数}}$$

は、

ネコを飼育している人 300 人がネコとどんなふうに出会ったか			
	拾った	里親として譲り受けた	ペットショップやブリーダーから購入した
女性	$\dfrac{(67-①)^2}{①}$	$\dfrac{(41-②)^2}{②}$	$\dfrac{(45-③)^2}{③}$
男性	$\dfrac{(83-④)^2}{④}$	$\dfrac{(12-⑤)^2}{⑤}$	$\dfrac{(52-⑥)^2}{⑥}$

実際に計算すると次のようになる。

ネコを飼育している人 300 人がネコとどんなふうに出会ったか			
	拾った	里親として譲り受けた	ペットショップやブリーダーから購入した
女性	$\dfrac{90.25}{76.50}$ =1.1797	$\dfrac{195.16}{27.03}$ =7.2202	$\dfrac{19.98}{49.47}$ =0.4039
男性	$\dfrac{90.25}{73.50}$ =1.2279	$\dfrac{195.16}{25.97}$ =7.5149	$\dfrac{19.98}{47.53}$ =0.4204

$$\text{カイ二乗値} = \frac{(\text{実測度数} - \text{期待度数})^2}{\text{期待度数}} \ \text{の総和}$$

$$= 1.1797+7.2202+0.4039+1.2279+7.5149+0.4204 = 17.9670$$

ふぅ。相変わらず計算は大変だけど、なんとかできた。大きい値になったね。

そうだな。さて、この値をもとに検定するぞ。
17.9670 というカイ二乗値が出る確率で判断する。そのために判断基準となる「有意水準」を決めるんだ。通常、有意水準は 0.05 か 0.01 にするのが一般的だ。今回の場合は 0.05 にしている。
ここまで決まれば、ここで「カイ二乗分布表」のお出ましだ。

 カイ二乗分布表？

標準正規分布を勉強したときに、標準正規分布表っていうのがあっただろう？
カイ二乗分布にも「カイ二乗分布表」っていうのがあるんだ。

表5.8　χ^2分布表

上側確率 自由度	0.100	0.050	0.025	0.01	0.005
1	2.706	3.841	5.024	6.635	7.879
2	4.605	5.991	7.378	9.210	10.597
3	6.251	7.815	9.348	11.345	12.838
4	7.779	9.488	11.143	13.277	14.860
5	9.236	11.070	12.833	15.086	16.750
6	10.645	12.592	14.449	16.812	18.548
7	12.017	14.067	16.013	18.475	20.278
8	13.362	15.507	17.535	20.090	21.955
9	14.684	16.919	19.023	21.666	23.589
10	15.987	18.307	20.483	23.209	25.188

左端が自由度。上端が有意水準。今回の例だと、自由度が 2 で有意水準が 0.05 だから？

 えっと、5.991 だね。

そう。自由度 2 のカイ二乗分布に従う確率変数 χ^2 の上側 5% 点は 5.991 となるということ。すなわち、確率変数 χ^2 は 95% の確率で
$\chi^2 \leq 5.991$ になるということなんだ。このデータの分布と有意水準から得られるグレーの部分を「棄却域」という。仮説検定において、帰無仮説を棄却するかどうかの判定基準となる領域のことだ。

5.6 独立性の検定

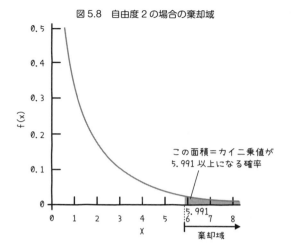

図5.8 自由度2の場合の棄却域

 えっと。でも、計算したカイ二乗値は 17.9670 だよね。5.991 よりかなり大きいよ？

 そうだな。帰無仮説に基づくと $\chi^2 \leqq 5.991$ となるはず。ところが、今回得られた $\chi^2 = 17.9670$ は、その範囲を超えていることになる。よって、「データから得られた χ^2 は偶然得られたとは考えにくいほど値が大きい」という結論になり、有意水準 5% で帰無仮説が棄却される。つまり「性別と出会い方にはっきりとした違いがある」といえるんだ。

 おお〜！

 そしてもう1つ、「p 値」も検定の判断をする際に使うんだ。

 p 値？

 p 値（有意確率）とは、帰無仮説のもとで検定統計量がその値となる確率のことだ。p 値が小さいほど、検定統計量がその値となることはあまり起こりえないことを意味する。だから、有意水準より p 値の方が小さければ帰無仮説は棄却されるんだ。最近は、p 値を算出して検定の判断をすることが多くなっている。パソコンで簡単に p 値を計算できるからな。

171

第 5 章　ネコの性格を調べてみよう　〜独立性の検定

さて。煩雑になったから、この前説明した検定の手順に沿ってまとめるぞ。

- まず仮説をたてる
- 帰無仮説 H_0：ネコを飼育している人全員における性別と出会い方に関連がない
- 対立仮説 H_1：ネコを飼育している人全員における性別と出会い方に関連がある

つぎに自由度と有意水準を決める。今回は自由度 2、有意水準 0.05。
検定統計量＝カイ二乗値を計算する。今回は 17.9670。
カイ二乗値とカイ二乗分布表から判定する。今回のカイ二乗値 17.9670 は、自由度 2、有意水準 0.05 のときのカイ二乗値 5.991 を大きく上回って棄却域に入っている。だから、帰無仮説は棄却される。
つまり「性別と出会い方にはっきりとした違いがある。何らかの理由があるのだろう」といえる。
今回のカイ二乗値 17.9670 は、有意水準 0.01 のときのカイ二乗値 9.210 すら大きく上回っている。1% 未満の棄却域にも入っていて「ネコを飼育している人全員における性別と出会い方に関連がない」という帰無仮説が本当に棄却され、「ネコを飼育している人全員における性別と出会い方に関連がある」という対立仮説が採用されることになるんだ。

は〜、達成感〜。
でも何らかの理由ってなんだろう？？？

どうなんだろうな。男性はネコを譲ってもらうって発想があまりないのか、譲る側が男性を敬遠するのか？　興味あるな。

だけど男性って「もともとはネコが好きじゃなかったけど、つい拾っちゃったらネコ好きになった」とか多そう。それにテレビやネットで話題のネコって純血種が多いから、ペットショップやブリーダーから購入するって選択肢を選ぶのかもな。

そうだね〜。興味は尽きないな〜。
検定は難しいけど、数値から判定できるとやっぱり信頼性が高まるね。

実は、カイ二乗検定は2つあります。1つは、今回紹介した独立性の検定。2つの変数に関連があるかないかを判断します。もう1つは「適合度検定」。帰無仮説における期待度数に対して、実際の観測データの当てはまりの良さを検定します。自分の解析内容にマッチするよう使い分けましょう。

5.7 t検定

第5章　ネコの性格を調べてみよう　〜独立性の検定

第 5 章　ネコの性格を調べてみよう　～独立性の検定

そうなんだ〜。ボクならきっと人気者になれるのに〜。
もっと保護ネコカフェが増えて、里親が見つかるといいのにね〜。

そう。最近はネコちゃんみたいな人懐っこい保護ネコも、純血種と一緒にネコスタッフになっていたりする。保護ネコカフェも少しずつ増えているみたいだぞ。

にゃおさんがこの間アンケートを集めていたけれど、その多くは、保護ネコカフェに協力してもらったらしい。
そのアンケートのデータを使って、検定の勉強をもう少ししてみよう。

え!?　まだ検定の勉強をするの!?

まぁまぁ。保護ネコスタッフの体重データを使わせてもらう。

いや〜。カイ二乗検定を勉強したなら「t 検定」も、さわりだけでも勉強しておいた方がいいと思ってな。さわりだけだから。さぁ、がんばろ〜。

カイ二乗検定の次は、t 検定か……。
簡単にお願いしますよ……。

さて、「t 検定」は、2 つのグループの平均値に違いがあるかどうかを調べる検定だ。
いろいろ種類がある。例えば、独立した 2 つの母集団からそれぞれ抽出した標本データの平均に差があるかどうかを検定する場合は「2 標本 t 検定」というんだ。
そして、2 つのデータが「対応のあるデータ」か「対応のないデータ」かによって検定統計量の算出方法が異なる。

ええ〜、なんかややこしいよ〜。

「対応のないデータ」とは、異なる母集団から抽出された 2 つの標本のことだ。例えば、A 保護ネコカフェと B 保護ネコカフェのそれぞれから抽出された体重データとかかな。
そして「対応のあるデータ」は、同じ母集団から抽出された「対」となる 2 つの標本のことだ。例えば、ある保護ネコカフェのネコスタッフの「保護時の体

重データ」と「保護から1年たったときの体重データ」とか。

なるほど〜。ビフォー・アフターだ。保護時はガリガリに痩せている場合が多いから…。

そうそう。他にも、集めたデータの平均と既知の母平均を比較する「1標本 t 検定」っていうのもある。例えば、ある保護ネコカフェのネコスタッフの体重の平均値と、すでにデータがとられている全国のネコの平均体重の差とかな。

うん、イメージできる。

前に「標本は多いほどいい。標本数が非常に多ければ正規分布になるはずなのに、30以下の小標本だと正規分布を示さないこともある」って話をしたのを覚えているか？　正規分布を用いた推定は、標本数が多い場合や母分散が分かっている場合には適用できる。
だけど、実際にはデータが少なかったり、母分散が未知の場合は正規分布に従わないから「t 分布」を使うんだ。つまり小標本の場合は、正規分布の代わりにこの t 分布を使って推定するんだ。

あ、カイ二乗分布みたい。ってことは、t 分布にも「t 分布表」があるの？

そのとおり。察しがいいな。

t 分布のグラフは、0を中心とした左右対称のグラフで左右に広がった形をしているんだ。そして、自由度が増すにつれて広がり方は小さくなっていく。自由度が30以上になると、ほとんど正規分布と区別できなくなる。だから前に、標本は30以上が好ましいっていったんだ。

なるほど〜。

第 5 章　ネコの性格を調べてみよう　〜独立性の検定

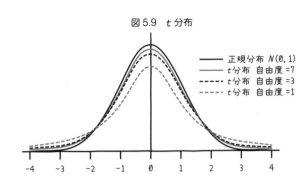

図5.9　t 分布

ここで一区切りして、実際に計算してみよう。
ある保護ネコカフェから抽出した、10匹のネコスタッフの体重データを使おう。

	体重
ネコスタッフ1	3.2
ネコスタッフ2	3.7
ネコスタッフ3	4.2
ネコスタッフ4	2.8
ネコスタッフ5	4.1
ネコスタッフ6	3.9
ネコスタッフ7	4.4
ネコスタッフ8	3.0
ネコスタッフ9	3.6
ネコスタッフ10	4.6
計	37.5
平均	3.8

全国のネコの平均体重は 3.6 〜 4.5kg とされている。ここでは間をとって 4.1 kgにしておこう。
じゃあ、検定していくぞ。

①仮説を決める

- 帰無仮説 H_0：ある保護ネコカフェのネコスタッフの平均体重と全国のネコの平均体重には差がない
- 対立仮説 H_1：ある保護ネコカフェのネコスタッフの平均体重と全国のネコの平均体重には差がある

②有意水準を決める

😺 5%にしよう。

③検定時に使用する値を計算する

😺 t検定の場合は「t値」を計算するんだ。
母集団の平均（μ_0）と標本の平均（μ）が等しいかどうかを判断する場合、母集団の標本分散をσ^2として

$$t\text{値} = \frac{(\mu - \mu_0)}{\sqrt{\dfrac{\sigma^2}{(n-1)}}}$$

で求められる。
まず、分散を求めよう。

	体重	偏差	偏差平方	偏差平方和	分散
ネコスタッフ1	3.2	-0.6	0.36		
ネコスタッフ2	3.7	-0.1	0.01		
ネコスタッフ3	4.2	0.4	0.16		
ネコスタッフ4	2.8	-1.0	1.00		
ネコスタッフ5	4.1	0.3	0.09	3.31	0.331
ネコスタッフ6	3.9	0.1	0.01		
ネコスタッフ7	4.4	0.6	0.36		
ネコスタッフ8	3.0	-0.8	0.64		
ネコスタッフ9	3.6	-0.2	0.04		
ネコスタッフ10	4.6	0.8	0.64		
計	37.5		3.31		
標本平均	3.8				

$$t\text{値} = \frac{(\mu - \mu_0)}{\sqrt{\dfrac{\sigma^2}{(n-1)}}} = \frac{(3.8-4.1)}{\sqrt{\dfrac{0.331}{(10-1)}}} = \frac{-0.3}{0.191775331515234}$$

$$= -1.564330498764743 ≒ -1.56$$

 t値は-1.56だ。あれ？　マイナスになったよ？

マイナスをとって絶対値で見ていいよ。

えっと。マイナスをとって 1.56 でいいんだね。

うん。じゃあ、t 分布表を見てみよう。左端が自由度。上端が「両側確率」の有意水準だ。

表 5.9　t 分布表

	両側確率の有意水準 p				
	0.1	0.05	0.02	0.01	0.001
1	6.313752	12.70620	31.82052	63.65674	636.6192
2	2.919986	4.302653	6.964557	9.924843	31.59905
3	2.353363	3.182446	4.540703	5.840909	12.92398
4	2.131847	2.776445	3.746947	4.604095	8.610302
5	2.015048	2.570582	3.364930	4.032143	6.868827
6	1.943180	2.446912	3.142668	3.707428	5.958816
7	1.894579	2.364624	2.997952	3.499483	5.407883
8	1.859548	2.306004	2.896459	3.355387	5.041305
9	1.833113	2.262157	2.821438	3.249836	4.780913
10	1.812461	2.228139	2.763769	3.169273	4.586894

（左側：自由度 f）

両側確率？

それについてはあとで説明する。

えっと、自由度は (10-1) の 9 で有意水準は 5% だから、0.05 のところを見ると、2.262 だね。
1.56 は 2.262 より小さいから棄却域に入っていない。

ってことは、帰無仮説「ある保護ネコカフェのネコスタッフの平均体重と全国のネコの平均体重には差がない」は棄却されないんだ。

そのようだな。
じゃあ、両側検定と片側検定の説明をしよう。

😺 **両側検定の場合は、**

- 帰無仮説 H_0：ある保護ネコカフェのネコスタッフの平均体重と全国のネコの平均体重には差がない

に対して、対立仮説は $\mu_0 \neq \mu$、つまり差はある。もう少し具体的にいうと「全国のネコの平均体重より重い」「全国のネコの平均体重より軽い」の両方が含まれるんだ。
これは「差がない」が 5% の確率の場合、「重いが 2.5%」「軽いが 2.5%」合わせて 5% ってことなんだ。

😺 **対して、片側検定の場合は、**

- 帰無仮説 H_0：ある保護ネコカフェのネコスタッフの平均体重は全国のネコの平均体重より重い

対立仮説は「全国のネコの平均体重より軽い」になる。
これは「重い」が 5% の確率の場合、「軽いが 5%」ってことなんだ。

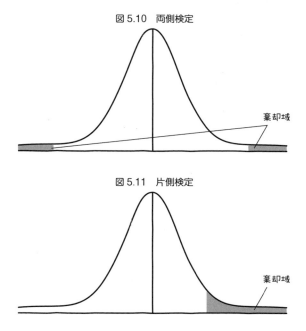

図 5.10　両側検定

図 5.11　片側検定

え〜と。ややこしいなぁ……。
どうやって使い分けるの？

それは解析内容によるよ。大小どちらにも違っている可能性があるなら、両側検定。大小どちらか一方は考える必要がなくて、大きい方（または小さい方）だけを考えればいいという場合は、片側検定だけで大丈夫。見当が付かないようなときは両側検定をしておくって感じだな。

なるほど。今回の場合は重い・軽いどっちの可能性もあるから、両側検定でいいのか。

うん。そして t 分布表は、両側検定と片側検定の両方の値が示されているから使い分ける必要がある。今回は両側検定の値を使うとしたのは重い・軽いどっちの可能性もあるからだ。ネコちゃんがいったとおりだ。

なるほど〜。

これが 1 標本 t 検定だ。
2 標本 t 検定の「対応のあるデータ」と「対応のないデータ」は計算の仕方が少し違う。
対応のある t 検定の場合は、同じ母集団だから 1 個の t 分布で考えるんだ。

$$t 値 = \frac{平均の差}{\sqrt{\frac{標本分散}{(データ数 -1)}}}$$

で求める。

対して対応のない t 検定の場合は、異なる 2 つの母集団だから 2 個の t 分布で考える。

$$t 値 = \frac{平均の差}{\sqrt{推定母分散 \times \left(\frac{1}{A グループのデータ数}\right) + \left(\frac{1}{B グループのデータ数}\right)}}$$

で求めるんだ。

$$推定母分散 = \frac{(A グループの偏差平方和 + B グループの偏差平方和)}{\{(A グループのデータ数 -1) + (B グループのデータ数 -1)\}}$$

うわ〜、もう無理〜！

はははは。t 検定にはいくつか種類がある。使い分けないといけない。
t 分布のグラフと t 分布表を使って仮説検定する。
両側検定か片側検定かも考慮する。
あまり詰め込むと大変だから、t 検定ってこんな感じだってことを頭に入れておけばいいよ。

は〜い。もう無理……。

　t 検定もカイ二乗検定と同じくよく使われる検定方法です。「自分が調べたいこと」「どんなデータか」などを考慮し、状況に応じて使い分けましょう。

Column　発展するネコの里親探し

　ネコ先輩が「2017 年に殺処分されたネコは 3 万 4,854 頭」と言っているように、捨てネコや野良ネコの数は多く、ネコの殺処分数も驚くべき数。殺処分を減らすべく多くの方々が尽力されていますが、ネコの里親を探すのはとても大変です。ネコを保護するにも限界があります。ゆえに、殺処分はいまだなくなりません。

　そんな状態の中、無理のない持続可能な形でネコを助けている団体が増えています。今回紹介した保護ネコカフェは、保護ネコの避難所と保護ネコの譲渡会場を兼ねる「猫カフェ型の開放シェルター」として注目されています。

　譲渡に関しては、仔ネコは比較的里親を見つけやすいです。一方、大人のネコの里親はなかなか見つかりません。「仔ネコの方がかわいい」「小さいころから飼った方が懐きやすい」などの理由があるようです。そんな飼い主を探すのが大変な大人のネコの譲渡数を増やすため、「ネコ付きマンション」や「ネコ付きシェアハウス」も登場しています。

　イヌに比べてネコは手間がかからず飼いやすいので、高齢者のベストパートナーになりえます。ところが、ネコの平均寿命は年々伸びています。いまでは、平均寿命が 15 年を超えるほどになりました。寿命がのびた分「最後まで責任をもってネコを飼育できるか」を高齢者が判断するのが難しくなっています。

その対応策として、保護ネコカフェの中には「最後まで責任をもって飼育できなくなった場合には引き取る」というシステムをとっているところもあります。先にお伝えした、仔ネコではなく大人のネコがいる「ネコ付きマンション」や「ネコ付きシェアハウス」は高齢者が飼うネコが抱える不安をさまざまな形でフォローできるでしょう。
　このようなシステムのさらなる発展を切望します。

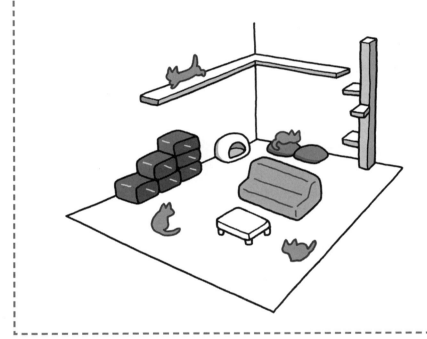

5.7　t検定

第 5 章　ネコの性格を調べてみよう　～独立性の検定

第 6 章

データから見えてくるもの
〜回帰分析

6.1 データをもとにグラフを描いてみよう 〜回帰直線

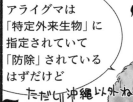

6.1 データをもとにグラフを描いてみよう　〜回帰直線

第6章 データから見えてくるもの 〜回帰分析

> 駆除っていうのは、つまり……。

> うん。ワナで捕獲して安楽死させるんだ……。
> もともとは日本にいなかったのに、アニメの影響で北米から日本に勝手に連れてこられた。飼いきれなくなったら捨てられて増えたら殺されて……。たまったもんじゃないよな……。

> アライグマだけじゃないぞ〜。
> シカ、イノシシ、サルは三大害獣っていわれて全国的に駆除されている。奄美大島や沖縄ではマングースを駆除。ヒトを襲ったクマもそう。駆除されている動物はかなり多いんだ。

> なんか、つらいね……。

> そうだな。実はオレたちネコも、オーストラリアでは駆除対象にされている。

> そうなの!?

> ネコは優秀なハンターだから、アライグマより多くの小動物を狩ってしまうんだ……。
> 日本でも、例えば世界遺産の小笠原諸島などでは、その地域にしかいない希少な動物を守るためにネコが捕獲されている。

> 捕獲……。ボクのお母さんもそうなのかな……。

> 違うと思う。オーストラリアや小笠原諸島で捕獲されているネコは、ヒトの力を借りず自分の力で生きている「ノネコ」ってよばれているネコなんだ。

> ノネコ?

> うん。ネコちゃんや、ネコちゃんのお母さんはゴミを漁ったりしていたよね? ときどきはヒトに餌をもらったりもしていたんだろ? そんな風にヒトに依存して生活しているネコは「野良ネコ」だ。ノネコとは区別する。
> 日本の場合は、捕獲して安楽死させるのではないみたいだ。捕獲してその地域から取り除くことを目的としているからな。捕獲後は、不妊手術をして飼い慣らして里親を探している場合が多いようだ。

お母さんと離れ離れになったときのことを教えてくれるか？ つらい記憶だと思うけれど……。

いつもご飯をくれるおばさんがいる公園に行ったとき、餌が入っている金網の箱があったんだ。お母さんは用心しながら入ったんだ。でも、いきなり入口が閉まって出られなくなっちゃって……。
そしたら、いつもご飯をくれるおばさんが来て、お母さんを箱ごと連れて行っちゃった……。
ボク、お母さんを追いかけたけれど見失ったんだ。そのあと、探しているうちに倒れちゃって……。

 なるほど。いつもご飯をくれるおばさんが捕獲したんなら、希望は十分にあるな。

ほんと!?

 飼い主のいないネコを捕獲して、不妊手術をしたのち里親を探す活動をしてくれているボランティアさんが結構いるんだ。
ネコちゃんのお母さんを連れて行ったおばさんも、おそらくボランティアさんだと思うぞ。

 じゃあ、もしかしてお母さん、生きているの!?

 その可能性は高いと思う。意外と近くで大事にされているかもしれないぞ。

ホント!? だったら嬉しい!!

じゃあ、三大害獣やクマ、アライグマも保護されたりするの？

……残念ながら、それはほぼない……。
ネコは、ヒトが飼い慣らした家畜のなかでも、「愛玩動物」としてヒトに愛されているから特別なんだろう。

第 6 章　データから見えてくるもの　〜回帰分析

そうなんだ……。つらいね。
どれくらいの数が駆除されているんだろう？　目安とかあるのかな？　いつか駆除しなくてよくなる日が来るのかな？

本当なら誰も駆除なんかしたくない。みんな必要最小限に留めたいと思っている。そのために、統計学の知識を使って、被害を抑えるために必要な駆除数を算出したりもされているぞ。

おー、ここでも統計学の知識は活用されているんだね!?
じゃあ駆除も近い将来、しなくてよくなるんだね!?

まぁ、そう簡単にはいかないのがつらいところなんだけれど……。
統計解析で算出した目標捕獲頭数に到達できないなど、まだまだ課題もあるみたいだ。
ネズミの捕獲調査のときに話したけれど、ワナを嫌って避けちゃう「トラップシャイ」個体がネコやアライグマなどの食肉目には特に多いからね。

そっか。難しいね。

でも、駆除だけに頼らない防除を諦めないで続けていく必要がある。日々、正しい統計解析ができるように研究が進められているんだ。
例えば、得られたデータをもとにして将来を予測する方法の 1 つに「回帰分析」というのがあるぞ。

本が 1 冊書けちゃうほど回帰分析は濃い内容で難しい。でも、どんなものかだけでも勉強してみようか？

うう……。基本の「き」くらいで、分かりやすく簡単にお願いします……。

回帰分析は、変数 x（原因）が変数 y（結果）に与える影響を知るための方法なんだ。そして回帰分析にもいろんな種類がある。
まずは一番基礎の「単回帰分析」で説明しよう。

単回帰分析は、「説明変数」が 1 つの回帰モデルなんだ。
説明変数というのは、x のこと。
ちなみに、説明変数が 2 つ以上のものは「重回帰分析」というぞ。

この説明変数を 1 つの回帰モデル式で表すと、

　　$y = ax + b$

という一次式になる。
この式の y のことを「目的変数」というんだ。

そしてこの式みたいに、x と y の間にある関係を直線や曲線の式で表したものを「回帰直線」というんだ。単回帰分析のグラフは直線だから「線形回帰分析」とも呼ばれる。

図 6.1　線形回帰分析
・説明変数が 1 つの線形回帰分析
　$y = ax + b$

うーん。また、知らない単語がいっぱい出てきたけれど、イメージはできる。右上がりや右下がりの直線のグラフになるんだね。

そうそう。ちなみに、a は傾き。+だと右上がり、−だと右下がりの直線になる。そして、b は切片。x が 0 のときの y の値だ。中学校の数学で習う簡単な一次関数だな。

回帰式を用いると原因が結果に与える影響の程度を数値化できる。予測などにも応用できるぞ。
広告費と売上の関係。気温と冷たい飲み物の売上の関係。これらがよくある例だ。

でも、オレたちネコは、暑くても冷たい飲み物を飲んだりはしないよな。そこで、キャットフードの広告費と売上の関係をグラフ化してみようか。

第 6 章 データから見えてくるもの 〜回帰分析

テレビのコマーシャルでよく見かけるキャットフードは食べてみたくなるだろ？

うん！ 耳に残る音楽を聴いたり、美味しそうに食べている映像を観ると、つい食べてみたくなるよね〜。

そうそう。じゃあ仮に、ネコ先輩印のシニアネコ向けヘルシーキャットフードを売り出すとしよう。どれくらい広告費をかければ目標売上額に到達するかを知りたい。
この場合、広告費は原因になるから変数 x。対して、売上額は結果なので変数 y だ。

これまでに発売された同じようなキャットフードのデータをもとに、グラフ化して回帰式を求めてみよう。

表 6.1　広告費と売上

売上（y：万円/月）	73	76	87	83	96	75	80	81	70	89
広告費（x：万円）	25	28	35	32	46	26	29	30	22	37

図 6.2　広告費と売上の関係

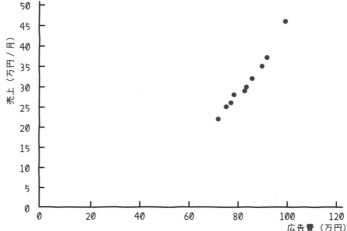

おおー、直線っぽくなっている！

グラフができたら、つぎは、この回帰式のパラメーター（傾きや切片）を推定してみよう。
「最小2乗法」という方法を使うぞ。

最小2乗法ってどうやるの？

観測値と予測値との差を「残差」っていうんだ。この残差を2乗したものを足し合わせた「残差平方和」を最小にするように、パラメーターの値を決めるのが「最小2乗法」だ。
段階を踏んで計算してみよう。

今、分かっているのは観測値だけだ。だからまずは、観測値から回帰直線を求める。
回帰直線を $y = ax + b$ とするとき、a と b を求めるには、

$$a = 偏差積和 \div x の偏差平方和$$
$$b = y の平均値 - (a \times x の平均値)$$

で求められる。

 うーん。なんとなく偏差値を求めたときと同じような感じがする……。

そうだな。具体的に計算してみよう。

第6章 データから見えてくるもの 〜回帰分析

図 6.3 広告費と売上の偏差積和

x (広告費)		
データ	偏差	偏差平方
25	-6	36
28	-3	9
35	4	16
32	1	1
46	15	225
26	-5	25
29	-2	4
30	-1	1
22	-9	81
37	6	36
合計 310	
平均 31	

434 ← x の偏差平方和

y (売上)		
データ	偏差	偏差平方
73	-8	64
76	-5	25
87	6	36
83	2	4
96	15	225
75	-6	36
80	-1	1
81	0	0
70	-11	121
89	8	64
合計 810	
平均 81	

偏差		偏差の積
x	y	
-6	-8	48
-3	-5	15
4	6	24
1	2	2
15	15	225
-5	-6	30
-2	-1	2
-1	0	0
-9	-11	99
6	8	48
		493 ← 偏差積和

おおー、求められた！　えっと、まず、

　　a = 偏差積和 ÷ x の偏差平方和

だから、

　　$a = 493 \div 434 = 1.1359447\cdots ≒ 1.135945$
　　$b = y$ の平均値 − ($a \times x$ の平均値)

だから、

　　$b = 81 − (1.135945 \times 31) = 81 − 35.214295 = 45.785705 ≒ 45.78571$
　　$y = 1.135945x + 45.78571$

出た！！

うん。そうしたら、念のためこの回帰式にいくつか実際の値を代入して、予測値を計算してみよう。

表 6.1 予測値

$b+a \times x=y$ (予測値)	Y (実測値)
45.78571+1.135945×25=74.184335	73
45.78571+1.135945×28=77.59217	76
45.78571+1.135945×35=85.543785	87
45.78571+1.135945×32=82.13595	83
45.78571+1.135945×46=98.03918	96

 実測値と予測値とを比較すると、多少のズレはあるけれどほぼ近い値になっているね！

 そうだな。だから、この回帰式は予測に使えると判断してもいいだろう。
じゃあ、ネコ先輩印のシニアネコ向けヘルシーキャットフードの売上目標額を、月 100 万円にしてみよう。広告費をいくらかければいい？

 えっと、

$45.78571+1.135945 \times x = 100$
$1.135945x = 100 - 45.78571$
$x = 54.21429 \div 1.135945 = 47.726157 \cdots ≒ 48$ 万円

広告費は約 48 万円かければいいのか〜。売れるといいね〜。

売上に対する広告費の割合の常識からすると、使いすぎになるけどね。
ははは。

回帰直線を $y=ax+b$ とするとき、

a = 偏差積和 ÷ x の偏差平方和、
b = y の平均値 − ($a \times x$ の平均値)

で求めることができます。
　回帰式が決まっても、観測値と実測値とを、念のために比較してみましょう。得られた回帰式が予測に使えるかを確認するためです。

Column 野生生物による被害① 害虫

　野生生物による被害といってもさまざま。野生生物の扱いや対策も多岐にわたります。ですが、危険生物に対しては早急かつ徹底した対策が望まれます。特に、病気を媒介する生物や毒のある生物などはその筆頭です。

　例えば、2014年夏に首都圏を中心に確認されたデング熱。ヒトスジシマカやネッタイシマカによって媒介されるデングウイルスがヒトに感染すると、デング熱を発症します。ですがこのデングウイルス、日本ではこれまで問題視されることはありませんでした。日本では、カ（蚊）は越冬できず、デングウイルスをもったカも冬に死滅していたからです。

　しかし、海外のデング熱流行地でデングウイルスに感染し、帰国したあとにカに刺されると状況は変わります。デングウイルスをもったカがデングウイルスを他のヒトへ媒介することがあるのです。そうして発生した2014年のデング熱への感染は、じつに69年ぶりの国内でのデング熱感染確認例だったそうです。デング熱に感染すると、38度以上の高熱や頭痛、筋肉痛や関節痛などの諸症状、体に赤い小さな発疹が出ることもあり、全国各地でカの駆除が進められました。

　もう1つの例は、2017〜2018年にかけて国内で発見された際に大騒ぎとなったヒアリです。南米原産の外来種であるヒアリはアルカロイド系の毒をもっています。そのため、刺されると激しく痛み水疱状に腫れることに。さらには「アナフィラキシーショック（毒に対する強いアレルギー反応）」が起こることもあります。他にも、韓国から侵入したと考えられる中国などが原産のツマアカスズメバチ、オーストラリア原産のセアカゴケグモなども同様に問題視されています。

　これら外来種や害虫による被害は、人間はもちろん在来生態系に及ぼす影響も懸念されるため早急に対策せねばなりません。しかし、駆除の仕方には注意が必要です。カなどの害虫の駆除方法としては殺虫剤の散布が一般的ですが、殺虫剤は害虫だけに効くわけではありません。多くの生物にも殺虫剤は同様の効果を発揮します。結果、絶滅が危惧されている生き物や益虫までが死滅してしまうことも少なくありません。また、殺虫剤で害虫を一時的に減らすことはできますが、根絶させることはできません。ゆえに、殺虫剤の使用を環境汚染として問題視する人もいます。

なお、カについては、発生を予防する方策が奨励されています。カの幼虫（ボウフラ）は、水深2mm程度のちょっとした水たまりでも発生します。植木鉢の受け皿にたまった少量の水でもカは発生するのです。身の回りにある、水がたまりそうなものは除去した方がいいでしょう。また、下水溝やドブ川などは清掃し、雑草が茂っていれば除去して水の流れをよくするようにしましょう。

デング熱は、ウイルスに感染したヒトを刺したカが他のヒトを刺すことで感染が広がる

Column　野生生物による被害②　三大害獣

　ネコ先輩が紹介してくれた獣害も、多くの課題が山積しています。シカ、イノシシ、サルの三大害獣は、全国各地で被害が報告されており防除が進められています。しかし、獣害が問題視されてから久しいものの、被害はいまだなくなりません。

　シカ、イノシシ、サルの三大害獣の被害についてそれぞれ見ていきましょう。

　シカによる被害は、農業被害もさることながら森林破壊が問題視されています。例えば、樹木の皮を剥ぐ剥皮被害。また、背丈の低い草本で構成される下層植生がシカに食い尽くされて消失してしまった例も多く報告されています。その結果、植物の個体数減少はもちろん、ノウサギなどの小型草食獣の餌を奪うことにもなり、小型草食獣の個体数減少につながっていると指摘されています。それに連鎖して、小型草食獣を捕食する猛禽類や肉食獣も影響を受け、負のスパイラルに陥ってしまうのです。さらに、植生が消失して裸地化すると、土壌の流出なども起こります。森林が本来有している公益的機能の発揮にも影響を与える恐れがあり深刻です。

第 6 章　データから見えてくるもの　〜回帰分析

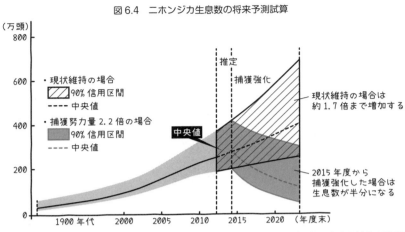

図 6.4　ニホンジカ生息数の将来予測試算

出典：「環境省　認定鳥獣捕獲等事業者制度　ニホンジカ等の生息や被害の現状」

　シカの防除としては 2 つあります。1 つ目は、猟銃での射殺やワナでの捕獲による駆除。2 つ目は、電気柵などによる植生や農作物の保護、シカが嫌う忌避剤を用いての予防です。ですが、残念ながら被害を完全になくすまでには至っていません。駆除にあたる猟師の高齢化や、電気柵の設置ミスなどの問題があるからです。

　イノシシの被害は主に 2 種類があります。1 つは、農作物の食害や田畑を荒らすなどの農業被害。もう 1 つはヒトへの危害です。イノシシがもたらす農作物の食害は、穀物や果樹、イモやタケノコなどを食い荒らす直接的な食害があります。また、土中のミミズなどを食べる際に田畑を荒らす間接的な食害もあります。イノシシは体格に比例して豪快に土を掘り起こします。イノシシが土中の生物を食べた跡は規模が大きく特徴的。食害ではありませんが、田畑だけでなく芝生を管理しているゴルフ場なども被害に遭っているようです。

イノシシの防除も、シカ同様に駆除と予防が行われています。ですが、シカの防除と同じくイノシシも被害根絶には至っていません。イノシシはシカと違ってヒトを襲うこともあり危険視されています。その一方でイノシシに餌付けする人がいることも根深い問題となっているようです。

なお近年、駆除されたシカやイノシシを食材として活用する方策が注目されています。私も山で調査中、猟師の方々にふるまわれて何度かご馳走になりました。これが大変美味でした。特に、獲れたてのシカの心臓は絶品！　ただ駆除するだけではないのです。その命をいただくことで供養にもなるという考え方のもと、有効活用されています。

サルの被害も甚大です。サルは、群れを作って畑や果樹園に押し寄せて農作物を荒らします。そうして発生する農業被害はとても深刻。なぜなら、シカやイノシシと違って手先が器用で高い所にも登ることができる上、美味しい部分だけをかじっては捨てる贅沢な食べ方をするためです。ときには、人家に侵入することも。人慣れが進むと、ヒトから物を奪い取ったり、ヒトに危害を加えたりすることもあり問題視されています。

サルの被害対策としては予防が主となります。例えば、電気柵による予防。しかし、サルは木などに登ります。電気柵を設置するにしても設置の仕方に問題があるようです。そこで予防として、他にもさまざまな方法が行われています。サルを見かけたら山に追い返すという方法や、サルを山へ追い返す訓練を受けた「モンキードッグ」と呼ばれるイヌを使った試みなどです。

サルの駆除は、ワナを使っての捕獲が中心です。扱いに多少の差があるようですが、捕獲したあとは多くのサルが銃殺されます。「シカやイノシシは昔から猟師が獲物として撃ってきたから、駆除を依頼されて撃つ数が増えただけなんだけれど、サルは嫌だ」との言葉を、行政からの依頼でシカやサルを撃っている猟友会の方から以前聞いたことがあります。「サルはヒトと似ている」というのがその理由のようです。ワナで捕獲したサルの銃殺を依頼された際「サルがまるで命乞いをするかのごとく手を合わせて拝んでいるように見えてつらかった」と仰っていました。本当にサルが命乞いをしたかは分かりません。ですがその話を聞いて以来、サルを見るたびにそのイメージが私も浮かんで心苦しくなります。

シカ、イノシシ、サルは、外来生物と違い日本に昔からいる在来種（一部のイノシシは国内移動されている地域もありますが）です。駆除で個体数が減りすぎてしまうと、それもまた問題になります。シカ、イノシシ、サルも、生態系の一員としてバランスよく個体群管理をせねばなりません。すべての野生生物の防除にいえることですが、駆除は必要最小限に留め、予防や啓発も含めた防除が功を奏する方策の検討・実行が望まれています。

Column　生態系におけるネコ

　一昔前は、放し飼いのネコが普通に見られました。ところが今では、都心部を中心にネコの完全室内飼育が共通認識になりつつあります。その理由はつぎの3つです。

1. ネコのため：交通事故や病気からネコを守るため
2. ヒトのため：糞尿や小鳥などのペットへの被害、ゴミを荒らすなどの近隣トラブルの回避
3. 生態系保全のため：野生動物をネコから守るため、他の食肉目との競争を回避

　ネコは外来種であり、世界・日本の両方で「侵略的外来種ワースト100」に指定されていると第1章で紹介しました。体は小さくとも優秀なハンターであるネコは、在来生態系に生息している小動物に悪影響を与えます。
　具体例として、沖縄や奄美大島、小笠原諸島での例を取り上げてみたいと思います。絶滅危惧種のヤンバルクイナやアマミノクロウサギ、オキナワトゲネズミなどが、沖縄や奄美大島でネコに捕食されていることが判明しました。
　ヤンバルクイナがネコに捕食されている事実は、北海道大学の大学院生時代に私が突き止めました。ヤンバルクイナの羽が含まれていた糞を、私が開発した分子遺伝学的手法でDNA鑑定してみたのです。すると、その糞はネコのものという結果が得られました。つまり「ネコが、ヤンバルクイナを捕食している事実が科学的に実証された」ということになります。
　一方、センサーカメラでの撮影によってネコによる捕食が判明したのは、アマミノクロウサギやオキナワトゲネズミの場合です。沖縄や奄美大島だけでなく小笠原諸島でも、カツオドリがネコに捕食されている様子が撮影されています。これらも決定的証拠です。
　ネコ先輩が紹介しているとおり、ヒトに依存せず自分で獲物を狩って生きているこれらのネコは、ノネコとして捕獲されています。絶滅危惧種を守るためです。しかしながら、オーストラリアのように駆除されてはいません。日本では捕獲されたノネコは、愛護動物として飼い慣らされたあとに里親探しが行われているのです。日本のスゴイところだと私は感じます。ただし、里親探しにも限界があります。仔ネコはともかく、大人のネコの里親探しは難しいのです。したがって、元ノネコの里親探しには多くの方の支援が必要とされています。

こうしたノネコの捕獲と同時に、ネコの完全室内飼育と避妊・去勢手術の徹底、捨てネコの防止も必須です。野生動物を襲う行動は、ノネコだけではなく、野外にいるネコすべてで発生している可能性があります。そのため、放し飼いのネコや野良ネコ、捨てネコも減らす必要があるのです。ニホンイタチなどの小型の希少在来食肉目を野良ネコが殺傷したり、追い払ったりしている様子も見られるからです。
　ネコという外来種が生態系に与える影響の低減が今こそ求められています。ネコを守るため。ヒトへの被害を防ぐため。これ以上ネコの殺処分数を増やさないため。そして、野生動物や生態系を守るため。これらさまざまな理由で、ネコの完全室内飼育と不妊手術の徹底、遺棄防止が広く一般に浸透し、ネコにもヒトにも生態系にも優しい社会の構築が実現することを切望します。

アカネズミを捕らえたネコ

6.2 どのくらい正確？ ～決定係数（寄与率）

さて、決定係数を求めるには、実際のデータと推定された回帰式から「全変動」「回帰変動」「残差変動」の3つを求める必要があるんだ。
実際のデータを $(x_i、y_i)$、回帰式から推定されたデータを $(\hat{x}_i、\hat{y}_i)$、データ全体から求められる平均値を $(\bar{x}、\bar{y})$ とする。

図 6.5　決定係数の求め方

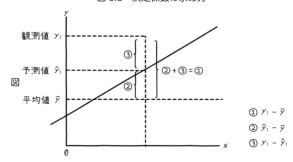

全変動は、実際のデータとデータ全体の平均値との差だ。
上図のグラフでいうと、①になる。
回帰変動は、推定された回帰式から得られた予測値とデータ全体の平均値の差で②だ。
残差変動は、実際のデータと推定された回帰式から得られた予測値との差で③になる。
つまり、①＝②＋③になるんだ。
そして、これらの変動は平方和として算出する。

う〜ん。言葉は難しいけれど、グラフを見るとなんとなくイメージできる。

決定係数 R^2 は、

$$R^2 = \frac{予測値で説明された変動}{全変動}$$

$$(0 \leq R^2 \leq 1)$$

で求められる。
予測値で説明された変動は、(予測値 − 平均値)^2 の平方和
全変動は (観測値 − 平均値)^2 の平方和

つまり、

$$R^2 = \frac{回帰変動②}{全変動①}$$

になるんだ。

そして、決定係数の式は、残差を用いて

$$R^2 = 1 - \frac{残差平方和}{yの偏差平方和}$$

つまり、

$$R^2 = 1 - \frac{残差変動③}{全変動①}$$

ともいえる。
こっちの方が一般的という意見もあるようだな。

う～ん……。難しい。

ゆっくり段階的に解いてみよう。まずは全変動①だ。

表6.2　全変動

	観測値 y	y の偏差 $(y-\bar{y})$	y の偏差平方 $(y-\bar{y})^2$
	73	-8	64
	76	-5	25
	87	6	36
	83	2	4
	96	15	225
	75	-6	36
	80	-1	1
	81	0	0
	70	-11	121
	89	8	64
合計	810		576 ←全変動①
平均	81		y の偏差平方和↑

つぎに回帰変動②。$\bar{y}=81$ で計算しよう。

6.2 どのくらい正確？ ～決定係数（寄与率）

表 6.3 回帰変動

予測値 $\hat{y}$	Y の偏差 $(\hat{y} - \bar{y})$	$\hat{y}$ の偏差平方 $(\hat{y} - \bar{y})^2$
74.184335	−6.815665	46.453289
77.59217	−3.40783	11.613305
85.543785	4.543785	20.645982
82.13595	1.13595	1.2903824
98.03918	17.03918	290.33365
75.32028	−5.67972	32.259219
78.728115	−2.271885	5.1614614
79.86406	−1.13594	1.2903596
70.7765	−10.2235	104.51995
87.815675	6.815675	46.453425

560.0210234 ←回帰変動②

y の偏差平方和↑

そして残差変動③。

表 6.4 誤差変動

観測値 y	予測値 $\hat{y}$	残差 $y - \hat{y}$	残差平方 $(y - \hat{y})^2$
73	74.184335	−1.184335	1.4026493
76	77.59217	−1.59217	2.5350053
87	85.543785	1.456215	2.1205621
83	82.13595	0.86405	0.7465824
96	98.03918	−2.03918	4.158255
75	75.32028	−0.32028	0.1025792
80	78.728115	1.271885	1.6176914
81	79.86406	1.13594	1.2903596
70	70.7765	−0.7765	0.6029522
89	87.815675	1.184325	1.4026257

15.9792622 ←残差変動③

残差平方和↑

$$R^2 = \frac{回帰変動②}{全変動①} = 560.0210234 \div 576 = 0.9722587\cdots \fallingdotseq 0.97$$

そして、

$$1 - \frac{残差変動③}{全変動①} = 1 - (15.9792622 \div 576) = 0.9722583\cdots \fallingdotseq 0.97$$

確認しておくと、全変動① = 回帰変動② + 残差変動③だから、
$$576 = 560.0210234 + 15.9792622 = 576.00028 ≒ 576$$

 はぁ〜、計算が大変だったけれど、決定係数をなんとか求められたね。えっと、0.97 は 1 に近いから、回帰式がよく当てはまっているといえるんだね。

 そうだな。

ただ、推定された回帰係数が 0 と等しい場合は、説明変数は目的変数の原因とはいえない。それを確かめるために、推定された傾きが 0 と統計的に異なっているかどうかを、t 検定で確認する作業も必要なんだ。

検定はもういい……。

ははは。分かった。ここまでにしておこう。

　決定係数は、一般に R^2 と示されます。0 から 1 までの値をとり、1 に近いほど、よく当てはまっているといえます。

6.2 どのくらい正確？ 〜決定係数（寄与率）

6.3 重回帰分析 ～目的変数が複数の場合

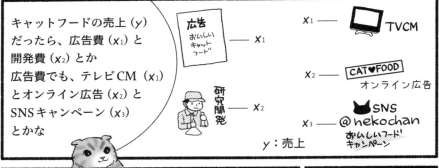

第 6 章　データから見えてくるもの　〜回帰分析

この前のデータに、開発費を加えてみよう。

表6.5　広告費・開発費・売上

広告費（x_1）	開発費（x_2）	売上（y）
25	51	73
28	59	76
35	62	87
32	63	83
46	77	96
26	54	75
29	57	80
30	60	81
22	49	70
37	68	89

複雑になったね〜。

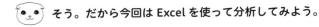そう。だから今回は Excel を使って分析してみよう。

お〜、ハイテクだ〜。

ははは。Excel※を使えば、一発で計算できちゃうんだ。

方法はとても簡単。まず、［データ］タブ（図 6.6 ①）→［データ分析］（図 6.6 ②）をクリックして、[分析ツール]を開く。ダイアログボックスが開いたら［回帰分析］（図 6.6 ③）を選択し、［OK］（図 6.6 ④）をクリック。

※今回は Microsoft Office 365 の Excel で作成しました。アドイン「分析ツール」を有効にしないと「データ分析」が表示されません。お使いの Excel のバージョンによって、多少方法が変わる可能性があります。説明書などを確認のうえ、分析してください。

6.3 重回帰分析 〜目的変数が複数の場合

図 6.6 Excel で回帰分析する方法①

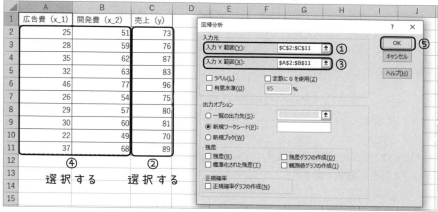

 ほうほう。

そしたら、回帰分析する範囲を問われる。y の範囲（図 6.7 ①②）と x の範囲（図 6.7 ③④）をそれぞれ選択して、[OK]（図 6.7 ⑤）をクリックだ。

図 6.7 Excel で回帰分析する方法②

そうすると、こんな風に値が得られるんだ。

215

図 6.8　分析結果

	A	B	C	D	E	F	G	H	I	J
1	概要									
2										
3	回帰統計									
4	重相関 R	0.986054279								
5	重決定 R2	0.972303041								
6	補正 R2	0.964389624								
7	標準誤差	1.509656928								
8	観測数	10								
9										
10	分散分析表									
11		自由度	変動	分散	観測された分散比	有意 F				
12	回帰	2	560.0465517	280.0232759	122.8676645	3.536E-06				
13	残差	7	15.95344828	2.279064039						
14	合計	9	576							
15										
16		係数	標準誤差	t	P-値	下限 95%	上限 95%	下限 95.0%	上限 95.0%	
17	切片	46.56724138	7.694054206	6.052367209	0.000514751	28.37369421	64.76078855	28.37369421	64.76078855	
18	X 値 1	1.174137931	0.366110513	3.207058765	0.014918858	0.308424132	2.03985173	0.308424132	2.03985173	
19	X 値 2	-0.032758621	0.307803022	-0.106427222	0.918229229	-0.760597112	0.69507987	-0.760597112	0.69507987	

わぁ！　簡単！　えっと、でもどう見ればいいの？

重回帰式を

$$y=\beta_0+\beta_1x_1+\beta_2x_2$$

と仮定すると、β_1 は広告費（x_1）の係数、β_2 は開発費（x_2）の係数、β_0 は切片を見ればいいんだ。

なるほど。それだと、

$$y=46.567241+1.1741379x_1-0.0327586x_2$$

になるんだね。

そう。そして、重決定係数 R^2=0.972303041 だから、1 に近くてよく当てはまっていると判断できる。

Excel ってすご～い。

だな。この結果を見ると、どうも広告費の方が売上に与える貢献度が高そうだ。でも品質も落とせないから、難しい……（ぶつぶつ）。

6.3 重回帰分析 〜目的変数が複数の場合

ネコ先輩、統計学についてたくさん教えてくれてありがとう！
ボク、かなり賢くなった気がする。

うん、よく頑張ったな。えらい、えらい。
でも、今回勉強したのは統計学の基本中の基本だ。統計学マスターにほど遠い。
せっかくだから、統計学マスターを目指してみよう！

えぇ……、まだ、続くの〜！？
お手柔らかにね……。

　Excelを使えば回帰分析は簡単にできます。今回は、説明変数と目的変数がある回帰分析を勉強しました。他にも、目的変数がない場合に用いる「主成分分析」など、たくさんの分析方法があります。多くの変数に関するデータを、分析者の仮説に基づいて関連性を明確にする統計的方法を「多変量解析」といいます。重回帰分析も多変量解析の1つです。本書では、回帰分析の基礎のみ紹介しました。他にもさまざまな方法が回帰分析にはあります。自分のデータが活用できる分析法を用いて予測してみましょう。

epilogue ネコちゃん びっくり

epilogue ネコちゃん びっくり

epilogue ネコちゃん びっくり

Column もっとネコの活躍できる場を

　多くのネコが未だ殺処分されています。そんな中、保護ネコカフェがネコとヒトを
つなぐ役割をしていることは素晴らしいことです。保護ネコカフェが行っている活動
である「飼い主を探す」に表れているように、ネコは庇護・養育されるべき存在。で
すが私は、ネコが活躍できる場をもっと増やすことも必要だと感じます。

　ネコの活躍というと、古くはネズミ退治でした。しかし現代では、ネコの活躍の焦
点が「かわいらしさ」にばかり当たっている印象があります。対してイヌは、盲導犬、
警察犬、猟犬、牧羊犬などワーキングアニマルとして多岐にわたる活躍をしています。
さらに近年は、動物介在療法が注目されるようになりました。セラピードッグとして
活躍するイヌが増えているのはその例といえます。

　一方ネコは、イヌのように訓練できないとされています。そこで、もともと備わっ
ている「狩りをする能力」と「かわいい見た目」にスポットが当たっています。しか
し、癒しの効果があることも広く認識されてほしいと私は感じています。ふわふわの
毛並み。やわらかい体。体臭も少なくかわいい外見—これらは我々人間に、庇護・養
育欲だけでなく癒しももたらします。しつこく触られると嫌がるネコももちろんいま
す。したがって、ネコとの関わり方をヒトが勉強する。そうして、ネコとヒトが適切
な関係を築く。その先は、ヒトの精神的な成長を促すことも可能となります。

　アニマルセラピー（動物介在療法）のシステムが確立されつつある医療現場だけで
なく、児童養護施設や老人ホームなどでの活躍も、システムを整えればネコには期待
できるのではないでしょうか。子どもの精神成長を促し、老人の心の拠り所にもなる
ことからです。

　海外では、刑務所でもネコが活躍しています。アメリカ・インディアナ州にあるベ
ンドルトン刑務所では、受刑者たちの更生プログラムとしてネコの世話をする取り組
みが行われています。このプログラムは、「FORWARD（Felines and Offenders
Rehabilitation with Affection, Reformation and Dedication）」※と呼ばれてい
ます。「愛情と改善と献身によるネコと受刑者のリハビリテーション」という意味にな
ります。

　刑務所からほど近い動物保護施設からネコを引き取り、ネコ用に改装された部屋で
飼うのがこのプログラム。受刑者たちは1日9時間も世話をするそうです。受刑者の
中から希望者を募り、面談をとおして適性を判断された人が世話係となります。もし、
プログラム中にトラブルが起こった場合は、速やかにプログラムは中止。受刑者は罰
せられる、とのこと。

※　https://www.in.gov/idoc/2799.htm

epilogue　ネコちゃん　びっくり

　動物保護施設に保護された、いわば「心に傷を抱えたネコ」を、こちらも心に問題を抱えた受刑者が世話をすることで、互いに精神的なリハビリテーション効果が得られると期待されます。
　ネコの素晴らしい魅力を「能力」と捉え、ネコが活躍できる場をもっと増やすーそうすれば、ヒトもネコも幸せになれる。そんな気が私はします。

225

参考文献

ブルース・フォーグル（1998）『猫種大図鑑』ペットライフ社

Geigy CA, Heid S, Steffen F, Danielson K, Jaggy A, Gaillard C（2007）Does a pleiotropic gene explain deafness and blue irises in white cats?. Veterinary Journal. 173（3）: 548-553.

Guillery R.W.（1969）An abnormal retinogeniculate projection in Siamese cats. Brain Res. 14: 739-741.

古谷益朗（2009）『ハクビシン・アライグマ―おもしろ生態とかしこい防ぎ方』農山漁村文化協会

池田郁男（2015）『実験で使うとこだけ生物統計1　キホンのキ　改訂版』羊土社

井上雅央（2008）『これならできる獣害対策―イノシシ・シカ・サル』農山漁村文化協会

長谷川政美（2014）『系統樹をさかのぼって見えてくる進化の歴史』ベレ出版

林良博（2003）『イラストでみる猫学』講談社

樋口広芳（1996）『保全生物学』東京大学出版会

井上（村山）美穂、松浦直人、新美陽子、北川均、森田光夫、岩崎利郎、村山裕一、伊藤愼一（2002）イヌにおけるドーパミン受容体D4遺伝子多型と行動特性との関連. DNA多型 10, 64-70.

菅民郎、土方裕子（2009）『すぐに使える統計学』ソフトバンククリエイティブ

菅民郎（2016）『Excelで学ぶ統計解析入門 Excel2013/2010対応版』オーム社

神山恒夫（2004）『これだけは知っておきたい人獣共通感染症　ヒトと動物がよりよい関係を築くために』地人書館

近藤宏、渕上美喜、末吉正成、村田真樹（著）、上田太一郎（監修）（2007）『Excelでかんたん統計分析［分析ツール］を使いこなそう！』オーム社

今野紀雄（2009）『マンガでわかる統計入門』ソフトバンククリエイティブ

栗原伸一、丸山敦史（2017）『統計学図鑑』オーム社

栗原伸一（2011）『入門 統計学 ―検定から多変量解析・実験計画法まで―』オーム社

参考文献

黒瀬奈緒子（2016）『ネコがこんなにかわいくなった理由　〜 No.1 ペットの進化の謎を解く』PHP 研究所

草野忠治、石橋信義、森樊須、藤巻裕蔵（1991）『応用動物学実験法』全国農村教育協会

忽那 賢志、山元 佳、藤谷 好弘、馬渡 桃子、早川佳代子、竹下 望、加藤 康幸、金川修造、大曲 貴夫、佐藤 達哉、國松 淳和（2015）代々木公園で感染したと考えられた国内デング熱の症例. 感染症学雑誌；第 89 巻・第 4 号付録

Louise J. McDowell, Deborah L. Wells and Peter G. Hepper (2018) Lateralization of spontaneous behaviours in the domestic cat, Felis silvestris. Animal Behaviour (2018) vol. 135, pp. 37-43.

Milla K. Ahola, Katariina Vapalahti and Hannes Lohi (2017) Early weaning increases aggression and stereotypic behaviour in cats. Scientific Reports 7, Article number: 10412 (2017), doi:10.1038/s41598-017-11173-11175.

村上興正（1992）シリーズ　日本の哺乳類　技術編　哺乳類の捕獲法―小型哺乳類, ネズミ類の捕獲法. 哺乳類科学：31(2)：127-137.

中西達夫（2010）『悩めるみんなの統計学入門』技術評論社

成川淳（2017）『Excel で学ぶ生命保険：商品設計の数学』オーム社

ネコ百科シリーズ編集部（2002）『ネコの繁殖と育児百科』誠文堂新光社

仁川純一（2003）『ネコと遺伝学』コロナ社

高橋信（2004）『マンガでわかる統計学』オーム社

高橋信（2005）『マンガでわかる統計学 [回帰分析編]』オーム社

滝川好夫（2002）『文系学生のための数学・統計学・資料解釈のテクニック』税務経理協会

タムシン・ピッケラル（2014）『世界で一番美しい猫の図鑑』エクスナレッジ

Shimode, S., Nakagawa, S. Miyazawa, T. (2015) Multiple invasions of an infectious retrovirus in cat genomes. Scientific Reports 5, Article number: 8164 doi:10.1038/srep08164.

都築政起（2000）心も遺伝子に支配されている？発展が期待される動物の性格・行動遺伝学. 化学と生物 Vol. 39, No. 10, 656-659.

山本葉子、松村徹（2015）『猫を助ける仕事　保護猫カフェ、猫付きシェアハウス』光文社

鷲谷いづみ（2008）『絵でわかる生態系のしくみ』講談社

参考 Web サイト

American Association of Feline Practitioners, 2010 AAFP/AAHA Feline Life Stage Guidelines
https://catvets.com/guidelines/practice-guidelines/life-stage-guidelines

「Guinness World Records」
http://www.guinnessworldrecords.com/

「International Cat Care」
https://icatcare.org/

一般社団法人・ペットフード協会（2017）『平成 29 年（2017 年）全国犬猫飼育実態調査結果』
http://www.petfood.or.jp/topics/img/171225.pdf

「環境省　認定鳥獣捕獲等事業者制度　ニホンジカ等の生息や被害の現状」
https://www.env.go.jp/nature/choju/capture/higai.html

「環境省自然環境局　統計資料［犬・猫の引取り及び負傷動物の収容状況］」
https://www.env.go.jp/nature/dobutsu/aigo/2_data/statistics/dog-cat.html

「環境省　野生鳥獣の捕獲　捕獲許可制度の概要」
https://www.env.go.jp/nature/choju/capture/capture1.html

「国立感染症研究所　＜速報＞日本国内で感染した 17 例のデング熱症例」
https://www.niid.go.jp/niid/ja/dengue-m/dengue-iasrs/5003-pr4163.html

「厚生労働省　平成 21 年簡易生命表の概況について　参考資料 1　生命表諸関数の定義」
https://www.mhlw.go.jp/toukei/saikin/hw/life/life09/sankou01.html

「農林水産省　アニマルウェルフェアの考え方に対応した採卵鶏の飼養管理指針」
http://www.maff.go.jp/j/chikusan/sinko/pdf/layer.pdf

索　引

アルファベット
DNA 144
DNA 多型 144

あ行
愛玩動物 66
アレンの法則 63
アンブレラ種 43
生け捕りワナ 96
意識調査 40
遺伝 132
遺伝子 130
遺伝子改変マウス 42
遺伝子型 133
遺伝子導入（トランスジェニック）マウス 42
遺伝子破壊（ノックアウト）マウス 42
因果関係 151
オッドアイ 142

か行
階級 58
階級値 59
飼いネコ 7
外来種 10
確率密度関数 112, 114
過失誤差 101
家畜 66
完全室内飼育ネコ 7
感染症 13
利き手 52
記述統計学 32, 34
基準化 79
基準値 79
寄生虫症 16
期待値 27
級間変動 154
級内変動 154

偶然誤差 101, 103
区画法（コドラート法） 87, 92
区間推定 124
系統誤差 101, 103
系統保存 39, 41
交通事故 13
コクシジウム症 16
誤差 38, 100
個体数推定 85

さ行
殺処分 45
三種混合ワクチン 14
使役動物 66
シグマ範囲 118
実験動物 41
質的データ 50
自由度 73
順応的管理 43
常同行動 47
信頼区間 125
信頼係数 125
信頼水準 41
侵略的外来種 7, 10
推測統計学 33, 34, 40, 103
垂直感染 14
ズーストック計画 43
正規分布 114
生息域外保全 42
性的二形 67
接触感染 14
セラピーアニマル 143
相関 146
相関関係 151
相関比 154, 156
相関分析 32
相対度数 59

229

測定誤差 100
測定ミス 103

た行

大数の法則 111
代表値 25
多頭飼育崩壊 46
単位 50
単相関係数 149, 150, 151
地域ネコ 7
小さな標本 39
地表性小型哺乳類 96
中央値 57
中心極限定 111
点推定 124
動物実験 39
動物の愛護及び管理に関する法律 13
動物福祉（アニマルウェルフェア） 44
特定外来生物 10
度数 59
度数分布表 21, 60

な行

猫後天性免疫不全症候群 15
猫伝染性腹膜炎 15
猫白血病ウイルス感染症 15
猫汎白血球減少症（猫パルボウイルス感染症）
.... 15
ノネコ 7
野良ネコ 7

は行

放し飼いネコ 7
繁殖 46
伴性遺伝 137
ヒストグラム 21, 61
表現型 133
標識再捕獲法 86, 92
標識した個体 86
標準誤差 108
標準正規分布 118
標準正規分布表 120
標準偏差 73, 108
標本 33, 36

標本誤差 40
標本標準偏差 73
標本分散 73
不完全優性 140
不妊手術 46
分散 71
分子系統学 144
平均 21
平均寿命 27
平均値 57
ベルクマンの法則 55, 63
変曲点 115
偏差 70, 149
偏差積和 149
偏差値 78, 81
偏差平方 71
偏差平方和 71, 149
変数 146
変動係数 74, 75
捕獲許可 93, 94
捕獲調査 96
母集団 33, 36
母標準偏差 73
母分散 73

ま行

無相関 147
メジアン（中央値） 25
モード（最頻値） 25

や行

有意差 40
有意水準 125
有効数字 103
優性 132
有性生殖 130

ら行

リビアヤマネコ 7
量的データ 50
劣性 132

わ行

ワクチン 13

〈著者略歴〉

黒 瀬 奈 緒 子 （くろせ　なおこ）

愛媛県生まれ。北海道大学にて博士号を取得（博士（地球環境科学）、Ph.D.）。専門は
分子系統学と保全生物学。環境教育にも力を入れており、野生生物と人との共存をめ
ざした環境づくりをテーマに講演や、子供たちとの「生きもの観察会」なども行う。
オコジョやイタチ、タヌキやキツネなど、日本に生息する小・中型食肉目が一番の専
門。外来種問題にも関心を持っており、野外のネコを完全室内飼育に移行させたいと、
愛猫家の立場からも願っている。
著書『ネコがこんなにかわいくなった理由』（PHP 研究所）
Web サイト：https://naokokurose.wixsite.com/naoko-kurose

本文マンガ：秋本尚美
本文イラスト：いずもり・よう、黒瀬奈緒子（p11）、秋本尚美（p140）

- 本書の内容に関する質問は、オーム社書籍編集局「（書名を明記）」係宛に、書状また
  は FAX（03-3293-2824）、E-mail（shoseki@ohmsha.co.jp）にてお願いします。お
  受けできる質問は本書で紹介した内容に限らせていただきます。なお、電話での質問
  にはお答えできませんので、あらかじめご了承ください。
- 万一、落丁・乱丁の場合は、送料当社負担でお取替えいたします。当社販売課宛にお
  送りください。
- 本書の一部の複写複製を希望される場合は、本書扉裏を参照してください。
- [JCOPY]＜出版者著作権管理機構 委託出版物＞

ネコとはじめる統計学

2019 年 5 月 24 日　　第 1 版第 1 刷発行

監　　　修　『ネコとはじめる統計学』制作委員会
著　　　者　黒 瀬 奈 緒 子
編集協力　ネ コ 先 輩
発 行 者　村 上 和 夫
発 行 所　株式会社 オーム社
　　　　　郵便番号　101-8460
　　　　　東京都千代田区神田錦町 3-1
　　　　　電話　03(3233)0641(代表)
　　　　　URL　https://www.ohmsha.co.jp/

© 黒瀬奈緒子 2019

組版　トップスタジオ　　印刷・製本　三美印刷
ISBN978-4-274-22263-4　Printed in Japan

オーム社の図鑑シリーズ

統計学図鑑

栗原伸一・丸山敦史［共著］
ジーグレイプ［制作］

A5判／312ページ／定価（本体2,500円【税別】）

「見ればわかる」統計学の実践書！

本書は、「会社や大学で統計分析を行う必要があるが、何をどうすれば良いのかさっぱりわからない」、「基本的な入門書は読んだが、実際に使おうとなると、どの手法を選べば良いのかわからない」という方のために、基礎から応用までまんべんなく解説した「図鑑」です。パラパラとめくって眺めるだけで、楽しく統計学の知識が身につきます。

数学図鑑
～やりなおしの高校数学～

永野 裕之［著］
ジーグレイプ［制作］

A5判／256ページ／定価（本体2,200円【税別】）

苦手だった数学の「楽しさ」に行きつける本！

「算数は得意だったけど、
　数学になってからわからなくなった」
「最初は何とかなっていたけれど、
　途中から数学が理解できなくなって、文系に進んだ」
このような話は、よく耳にします。本書は、そのような人達のために高校数学まで立ち返り、図鑑並みにイラスト・図解を用いることで数学に対する敷居を徹底的に下げ、飽きずに最後まで学習できるよう解説しています。

もっと詳しい情報をお届けできます。
◎書店に商品がない場合または直接ご注文の場合も右記宛にご連絡ください。

ホームページ https://www.ohmsha.co.jp/
TEL／FAX TEL.03-3233-0643　FAX.03-3233-3440

（定価は変更される場合があります）

F-1802-237